科学が見つけた神の足跡

先端科学が解き明かす宇宙の姿

佐鳥 新
Shin Satori

序にかえて

本書は、私が構想している新しい科学思想を一般の読者に分かりやすい表現で書いてみたものである。私が皆さんに伝えたいことは、次の1点である。それは、現代人が「心」とか「心の世界」と一言で済ませていた概念が、実は、現実味のある「大宇宙」とでも表現すべき非常に大きな実在の「新しい世界」であり、これからの科学になる可能性が極めて大きいことを摑《つか》んだことだ。それを伝えたいから、私は執筆家でもないのに（論文以外の文章を）書くことを決めたのだ。

私は、もともと、結論を自分の世界の数学の抽象的な観念の言葉で言うタイプの人間なので、世間で見るような有名な先生方のように説得力ある講演をするタイプとは程遠い人間と言える。このような私の短所を補ってくれたのが、実は友人の加納正城《かのうまさき》さんであった。彼は、今回の出版を強く勧めてくれただけでなく、多数のプレゼン資料や構想のメモの断片を全部読んで、私のイメージする「新しい科学の構想」を一人称の表現で文字起こしをしてくれたのだ。持つべきものは友達と言うが、奇特な方で、私一人ではここまで表現できなかったと思うので、彼には大変感謝していることを先に述べておきたい。

さて、私が今のように科学に関心を持ち、現在の宇宙工学の仕事を始めるまでのことを振り返ることにする。父親が小学校の理科の熱心な教諭であったこともあって、家や父の職場には常に試験管や実験機材らしきものがあり、書棚には『理化学辞典』などの専門書が多数並んでいた。時々、父は夜中まで論文や理科の教科書の原稿を書いているというような、同居していれば自然に科学や工学に興味を持つような家庭ではあった。格別、信仰深い家庭ではなかったが、祖母はいつも「お寺さん、お寺さん」と言って聖職者を尊敬しており、私は「そういうものかな」と幼心《おさなごころ》に感じてはいた。小学生の頃に自宅の近くのクリスチャンの家庭に毎週牧師さん夫妻が来て説法してくださるようになり、母は神の教えを聴きに行っていた。私の部屋にも『新約聖書』が置いてあった。

高校生の頃に「聖衣《せいい》」というキリスト教の映画を見た時に、当時の冷たい石畳の感触がリアルに蘇《よみがえ》ってくる感覚と、信仰の厳しさに対する郷愁《きょうしゅう》を感じるという不思議な経験をしたことがある。しかし、その奥には、幼少時からの「心のうずき」のようなものがあった。

とても不思議なのだが、私は物心がついた頃から「宇宙」の神秘性と、高度に進化した人類が生きているであろう宇宙のどこかに存在する高度な未来社会、つまり「ユートピア」に対して強い憧《あこが》れを持っていた。「ユートピア」とは、神の愛に生きる人々がお互いの尊厳を尊重する大調和の世界であった。

なぜだか分からないが、「ユートピア」と「宇宙」の2文字が私の人生のテーマであったのだ。中学2年生の頃にまずアインシュタインの一般相対性理論をマスターすることを自分の目標に掲げ、それを理解できた時点で心の原点に立ち返って、次の方向性を考えることを決めた。

大学では迷いなく物理学を専攻した。それは心の奥で響く「宇宙」を探求するためだった。大学生の頃に高校時代から好きだったユング心理学をよく読むようになり、定期的に講演会やセミナーに参加することもあった。当時の私にはユングの「普遍的無意識」と呼ばれる概念が、個人の記憶領域を超えたもっと大きな実体のある世界を表しているのではないかと思えてならなかった。ユングの世界に私はある意味で、現代の観測宇宙論で言われる宇宙よりも、もっと大きな「宇宙」を感じた。どうしても探求せずにはいられないという衝動《しょうどう》を覚えたことを覚えている。

大学3年生の秋頃に内山龍雄《りょうゆう》先生の『一般相対性理論』を読破し、ブラックホールや宇宙論と場の理論を統合する量子重力理論の道に進もうかどうかという頃に、「本当にこれでよいのか」という心の声が聴こえてきた。当時の私には、昔から響いていた「ユートピア」の内容が当時の理論物理学には見出すことができなかった。私はもっと人間臭い仕事、つまり人としての生々しい愛を感じられる世界に身を投じてみようと思って、物理学から航空宇宙工学に進路を変更することを決意した。

大学院では宇宙工学を学ぶと同時に、私は「心の中の宇宙」の探求を始めた。それまでの私は、宗教というものは心の弱い人々が逃げ込むところだと思っていたのだが、哲学書などを読み進めるに従い、そこにはカント以来、「科学」が意図的に見ないように無視し続けてきた「大宇宙」という新大陸があることに気づくようになった。大事なのは、ひとつの真実の「未知なる新世界」があるということだ。しかし、私たち人間はその一部分しか知らない。科学と宗教とは、その未知なる世界を探求する際のアプローチが違うのだ。科学の関心事が生命や宇宙の成り立ちであるのに対し、宗教の関心事は心のあり方と死後の世界の関係学と言えるだろう。もし、あなたが知識人としての自覚があるならば、新たな可能性の領域を宗教という言葉で一蹴《いっしゅう》してはならない。常識という名の先入観を捨てて、むしろ探求すべきである。

現在の私の言葉で表現するならば、私が子供の頃に感じていた「ユートピア」とは神の世界であり、人類が目指すべき愛の世界である。自覚の有無を別として、人間はユートピア建設のために生きているのだ。利他のために生きているのだ。そこに人としての尊厳があるからだ。そして、「宇宙」（宇宙の神秘性）とは、本来の宇宙とは、観測宇宙論を超えた「大宇宙」とでも表現すべき大きな世界であり、そこに新しい「未来の科学」の鉱脈が眠っているのだ。本格的に大宇宙を探求するためには高度な認識力と数学力が必要となるであろう。

今の自分はそのごく一部分を垣間見ているだけではあるが、学問に目覚め始めている若い青少年諸君にもその広大な「未知なる新世界」の存在を伝えられることを願い、本書を執筆することにしたのだ。

2015年9月

佐鳥《さとり》新《しん》

目次

3 宇宙の始まりの謎

4

「生命エネルギー」の科学的証明を目指して

5

広大な宇宙と現代科学の限界

6 超小型衛星から始まる新しい宇宙開発

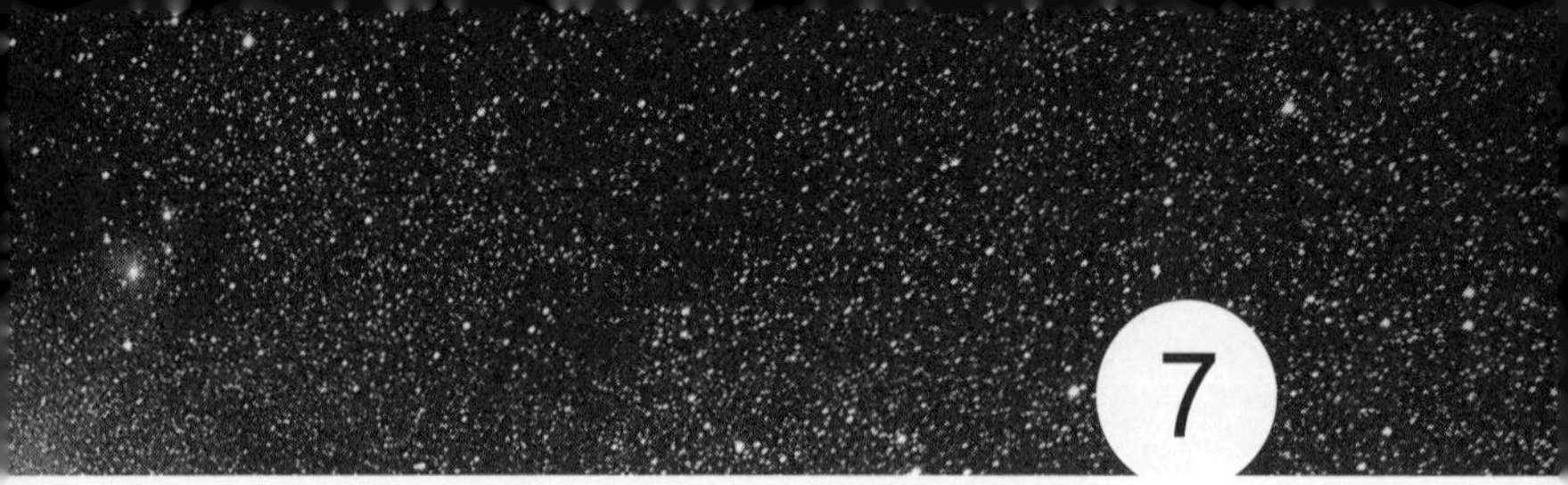

7

「神の足跡《あしあと》」を見つける「ハイパースペクトルカメラ」

8 ワープ航法の可能性

9 「大宇宙」の構造を考える

エピローグ

1

新しい科学の胎《たい》動《どう》

今の技術では観測できない宇宙が存在する

子供の頃、お父さんやお母さんと一緒に満月を眺めたことを思い出していただきたい。その時、きっと一度は〝餅つきをしているウサギ〟の話を聞いたのではないだろうか。私も、そんな体験をした1人なのだ。小さい時に満月を見ると、ついつい〝餅つきウサギ〟を探してしまい、見つけると喜んでいた。

幼稚園の時には、七夕祭りで短冊に願いを込め、竹取物語の絵本を読み聞かされた。日本では、誰もが子供の頃から星空にまつわる話を聞いて育っている。それは今でも変わらない。大人になっても夜空の星を眺めて想《おも》いを馳《は》せることがあるのは、そんな体験をしたからかもしれない。輝く星空が嫌いだという人は少ないと思う。

突然ではあるが、ここで皆さんに質問をさせていただく。あなたは8年前の今日と同じ日、どんなことをしていたのか、はたして覚えているだろうか。

夜空の恒星の中で一番明るい、おおいぬ座アルファ星シリウス。その輝きは8年7カ月以上の歳月をかけて、やっと地球に到着する。私たちが今、目にしている夜空のシリウスは、実は8年以上も前のシリウスの姿ということになる。地球を周回する月でさえ、見ているのは1・3秒前の過去の月の姿なのだ。

このように、目の前に広がるすべての星は、それぞれ違う時代の過去の姿でしかない。見たその瞬間、一堂に会して見える星の多くは、私たちが生まれるもっと前、はるか昔の星の姿でしかない。輝いている星のいくつかはすでに消滅していて、今は存在していない。まさに実体のない幻影《げんえい》なのだ。はるか遠くに位置すると、その光が地球に到達するまでに、光速でも何百〜何千年という膨大《ぼうだい》な時間がかかってしまう。今の科学では、〝過去〟を観測することしか術《すべ》がない。

それればかりか、観測すらできないことも多い。現在の観測宇宙論では、宇宙誕生からおよそ138億年と考えられている。138億光年以上離れた地点からの星の姿は、いまだ地球には届いていない。それだけではない。今、この瞬間も、宇宙は膨張を続けている。地球から見て光より速い速度で離れていく星の輝きは、未来永劫《えいごう》、地球には届かない。また、重力で光も曲がる。巨大な重力を持つブラックホールによって地球に輝きを伝えられない星もあるのだ。そのブラックホールに関しても、未解明な部分が多い。宇宙自体の膨張も、どこまで広がるのか。その外側はどうなっているのか。観測すらできない、というのが現状なのだ。

望遠鏡や計測器で捉えることのできる観測可能な宇宙と、相対性理論など物理学から推測できる宇宙。両者を結びつけながら、宇宙の解明は進められている。しかし、いまだ捉えられないことは多い。

もちろん、科学はその進歩に伴い、未知なる宇宙の解明も着実に進めてきている。さまざまな分野での研究は、この瞬間にも続けられている。

その1つが、余剰《よじょう》次元（高次元）の存在。

そもそも、私たちは、「縦・横・高さ」の3次元空間に、ニュートン力学上では独立した物理概念の「時間」を合わせた、4次元時空に存在している。その4次元時空に、さらに他の次元が加わることで、「余剰次元」（5次元以上）となる。理論上では、すでに余剰次元の存在が明らかにされている。現在、実験によって4次元時空から消える素粒子を見つけることで、余剰次元の存在を証明しようという動きも始まっている。

臨死体験の研究では、肉体とは別の生命エネルギー（霊）の存在が明らかにされつつある。その生命エネルギーは、次元を超えて移動し、別の次元に存在しているのでは、とも言われている。それればかりか、SFに出てくるタイムトラベルやワープ航法も、次元間の移動ができれば、相対性理論とは異なる方法で可能になる。もちろん、物理法則がまったく異なる時空間を、人類のような生命体がそのまま移動するのは困難であるが。

このように、人類の発展へとつながる可能性を多く含んだ未知なる部分を、科学はその研究で少しずつ解き明かしていくに違いない。近年では、物質の最小単位である素粒子や量子についての研究が進んできており、宇宙の解明にも寄与《きよ》してきている。

宇宙は、あまりにも精緻《せいち》にできている

自然現象の普遍的な法則や、宇宙の摂理《せつり》を解明する物理学の研究は日々進む。しか

し、その過程で研究に携《たずさ》わる学者や研究者の間で、大きな疑問が湧いてきている。その疑問が確信に変わった研究者も数多く存在する。私自身も、その1人なのだ。

それは、宇宙は大きな〝設計図〟を基《もと》に創られたのではないか、という疑問だ。

近年、科学によって解明されてきた事象や法則を見てみる。そこには、確率論ではありえないほど〝精緻《せいち》な仕組みの組み合わせ〟で成り立つ宇宙が見えてくる。

それは、当初からしっかりした〝設計図〟がなければ、これだけきちんとした法則性のある秩序はできない、ということを意味する。また、法則自体もその設計に組み込まれていないといけない。現在の自然の法則を規定する物理法則がほんの少しでも違っていれば、人類は誕生しなかったからだ。それこそ素粒子1つが違っても、あるいは、重力や磁力などがほんの少しでも今の強さと異なっていれば、まったく別の宇宙になる。

宇宙誕生時は猛烈な高温にさらされ、物質も生命も存在しなかった。それがなぜ、そして、どうやって生命が誕生したのか。

地球でも同じことが言える。誕生時、地表は灼熱《しゃくねつ》のマグマに覆われ、生命体は存在できない。そこに、生命体がどうやって誕生したのか。そして、知能を持つ私たち人類がなぜ誕生したのか。

地球上の動物や、私たちの体を考えても、精緻な仕組みで成り立っている。その肉体は、有機物つまり物質でできている。ゆえに、物理法則に従って機能している。肉体の主要な部位は、たんぱく質でできている。人は通常、たんぱく質を構成する22種類のアミノ酸のうち、20種の〝製造マニュアル〟を遺伝情報に持っている。その20種のうちの11種を、他のアミノ酸などから体内で合成することができる。それ以外の9種は、皆さんもよくご存じの必須アミノ酸と呼ばれ、食事で摂《と》ることが必要なものである。残りの2種は、特別な形でたんぱく質に取り込まれる。こうやって人の肉体は成長・維持されている。

ところが、アミノ酸の中には、たんぱく質を構成しないものもある。その1つが、肝臓の解毒作用を高めるオルニチンというアミノ酸。たんぱく質の構成から外れているのは、オルニチンがたんぱく質の構成に加わると、鎖状《くさりじょう》のたんぱく質を輪のように環状《かんじょう》にしてしまうからだ。すると、たんぱく質が早く壊れてしまう。これを防ぐために、組み込まないようにセットされている。

そして、体内に取り入れたアミノ酸から構成されるたんぱく質が、エネルギー変換を行い、効率よく力学的作用を行う。だから、体は動く。生命体は、どれ1つを取っても、合理的にかつ緻密にできたシステムの組み合わせである。しかも、このシステムすべてが、宇宙誕生時の〝設計図〟に組み込まれていた可能性が高い。

なぜなら、生命体はアミノ酸を基にしたたんぱく質で構成されている。そのアミノ酸を存在させるには、アミノ酸を構成する炭素・酸素・窒素・水素という元素が必要になる。もちろん、4つの元素がそれぞれのアミノ酸を構成するように組み合わないといけない。

さらに、それぞれの元素を存在させるには、それぞれの原子核と電子の組み合わせがないといけない。その原子核を構成するのが、陽子と中性子である。陽子と中性子の組み合わせが少しでも違うと、他の原子核になってしまう。そして、その陽子と中性子を構成するのが、素粒子だ。この素粒子も、宇宙誕生時には存在していなかった。誕生後、わずかの間で素粒子ができた。

すべてが寸分違《たが》わず物理法則に従い成り立ち、138億年の歳月を経て、今の私たちが存在している。これが偶然と言えるのだろうか。疑問が残る。なぜなら、物理の法則は不変である。1つ歯車が狂えば、後々まで狂った状態が続く。ゆえに、初期の設計が重要で、それ以降は設計図に則った法則に規定されてしまうからである。

科学は、自然現象を調べ、法則を観察データによって検証・証明してきた。しかし、次のような根本的疑問については答えてはいない。

なぜ、宇宙が誕生したのか。なぜ、数式にするところまで精緻に整った物理定数になるのか。なぜ、自然法則や生命活動が維持できる環境ができたのか。なぜ、生命体を含めたさまざまな物質が素粒子の組み合わせでできるのか。なぜ、特定の素粒子が誕生したのか。すべてが偶然なのだろうか。それとも、意図した大きな〝設計図〟を描いて宇宙を創った存在、「神」の存在があったのか。

表面上は、自然の摂理に内在する法則を解明している科学だが、宇宙の研究に携わる研究者の間では、創造主、「神」の存在を否定できない、という意見が増えてきている。もちろん、「神」の関与を否定する研究者もいるが。

私自身は、以下のように確信している。宇宙は物質も存在しないところから始まり、時間や素粒子が誕生し、重力が発生し、元素ができ、無数の星による銀河が形成され、地球、生命の誕生、そして今に至る。誕生以来、この間、寸分の狂いもなく法則に従い、宇宙は活動している。〝偶然〟では確率論的にもありえない。大きな意図と〝設計図〟が確実に存在している、と。

私は、一般に「宇宙」という概念で定義されているものを包括《ほうかつ》し、宇宙を創った大いなる意識（＝設計者）の存在と、その意図まで含んだ「大宇宙」が厳然と存在する、という認識を持っている。科学は、この「大宇宙」という認識を持って研究を進めるべき時代に入ったのではないか。

このような言い方をすると、宗教という言葉が浮かんでくる方が多いと思う。目的は別にして、科学と宗教は明確に異なる。しかし、「大宇宙」を視野に入れた「新しい科学」と、宗教が新たなる関係をつくろうと胎動《たいどう》し始めているのも否定しがたい事実なのである。

私たちは、目に見える物質世界の宇宙観を超えて、目には見えない、もう1つの宇宙観を探求する必要がある。その大きな宇宙観を捉えることができれば、私たちはスペースワープのような時空間を超えて移動する科学技術を手にすることができる。「宗教は、２つの宇宙観の接点に位置する」ということを再認識するべきである。その意味で、私たち科学に携わる者は、宗教に対してもっと心を開き、新しい宇宙観を探求するべきなのだ。

2

「宗教」と「科学」

科学と非科学とを分けているものは何か

「神」は、証明するまでもなく存在している。「神」の存在を科学で証明する必要があるのか。信仰をお持ちの方なら、そうお考えの方も多いはずだ。実は私も「神」を信じ、科学的な証明など必要ないと思っている1人だから、である。

確かに、日本のみならず諸外国でも、「科学」と「神」(宗教)というと、親和性がないように思われがちである。はたして、そうなのだろうか。

意外に思われるかもしれないが、私の知り合いの研究者たちの多くは信仰を持っている。それも欧米の研究者だけでなく、国内の研究者仲間や諸先輩の多くが神仏を信じている。「自分は特定宗派には属していない」という研究者も、初詣に行き、真摯《しんし》に手を合わせている。

いずれも皆さんと同じように、お墓参りや、プロジェクトの立ち上げでは必要に応じて成功祈願を行っている。墓前では、亡くなった親族・友人との対話を心の中で試みているのだ。

特段、変わったことではない。ごく普通のこととして、日常生活の中に「神」が存在している。だからといって、それが科学の研究に影響を及ぼしているかというと、そんなことは決してない。

科学と宗教、「神」とは……。先に進む前に、皆さんに一言お断りする。まず、「神」というと特定の宗教をイメージされる方がいるかもしれないが、本書でいう「神」とは、それらを否定することなく認めた上で、この宇宙や私たち人類を創った「創造主」、あるいは「大いなる目的を持って存在している根源的なるもの」を指す。「宗教」も、特定の宗教に限定することなく、皆さんが日常でお使いの、一般的な概念としての宗教のことを意味している。ここでは、「宗教」を一般的な概念として用いているが、宗教は、「現代の宇宙論的科学」と「新しい宇宙観に基づく未来科学」との、ちょうど接点に位置する「入り口」として捉えるべきものである。そうご理解いただきたい。

ともすると、宗教と科学は〝水と油〟のような関係に思われがちである。本当に宗教と科学は対立してしまうものなのか。何が問題になるのだろうか。

まず、科学とは何か。科学が科学たりうるには、まずその理論や法則に「再現性」があることが必要である。つまり、誰がやっても、同じ条件下で実験すれば、同じ結果にならなければいけない。

そして、もう1点。科学哲学の側面から、科学と疑似科学を分ける判定基準が出された。オーストリア出身でイギリスの哲学者カール・ポパーが、1937年に『科学的発見の論理』で提唱した、「反証《はんしょう》を受け入れることがない仮説は、科学的ではない」という判断基準だ。簡単に言えば、「間違っているかどうかを検証する方法や手段がない仮説は、科学ではない」というもの。つまり、「科学理論とは絶対なものではない。現時点の論理や法則も、反証される可能性を内在させている。しかし、今のところ反証されていない仮説の総体である」と定義した。ゆえに、厳しい反証テストに耐え抜いた仮説ほど、より信頼性が高いものとみなされる。

科学とは、条件を〝正確に設定〟すれば、再現性があり、反論や確認ができるような内容であること。もし、自説と異なった反対の考えが出たら、論理的に、もしくは実証によって異論に対しての反証ができなければ、その説は否定される。この「再現性」と「『反証』受け入れ」の2つが揃うことで、科学が科学たりうるわけである。

しかし、私は、哲学や宗教、とりわけ宗教ジャンルに属することが、すべて非科学だとは思っていない。現時点では、実験や調査によって確認・証明する手段や方法が見当たらないだけで、科学領域として取り扱うものがあると確信している。特に宗教ジャンルを科学として捉える際には、科学同様に、再現性のある論理や法則（仮説）が求められる。科学は、前述のように、〝条件〟を正確に設定すれば、誰がやっても再現性があるものでなければならないからだ。こと宗教ジャンルでは、その〝条件〟の中に、〝精神活動〟という新しい尺度を想定した〝人間〟（＝物質＋精神）を含めなければならない。この点が、従来、言われてきた科学的な見方との違いであることに注意する必要がある。

とはいっても、科学としてアプローチすることには変わりない。未知なる世界に飛び込んで、新たな宇宙観をつくり上げるためには、後述するスウェーデンボルグのように、初めて体験する現象の中から、科学者自身が法則性を見出していくことになる。

私が携わる研究領域では、それが宗教ジャンルに関わる内容であっても、全体像を数学的に表現（定式化）していく必要があるのだ。

科学はわずかな可能性も否定しない

科学は決して可能性を否定しない。むしろ、その可能性が微塵《みじん》でもあれば、〝干草の中から針を探す〟ことを続けるのが科学だと、私は信じている。過去にこんな例もあった。

１９８９年に常温核融合が起きることを発表した英国サウサンプトン大学のマーティン・フライシュマン教授と米国ユタ大学のスタンレー・ポンズ教授も、当初はメディアに大きく取り上げられた。しかし、多くの研究者が再現実験を試みるが、再現できなかった。そこで、再現性に疑義が生じた。学会の権威者たちが常温核融合を否定し、趨勢《すうせい》は決まった。常温核融合は起こりえないのではないか、と。

だが、一部の学者や研究者はその可能性に賭け、研究を続けた。アメリカなどに比べ、常温核融合に否定的な意見が強かった日本でも、可能性を信じ、研究に没頭し続けた人たちがいた。研究者にとっては逆風の中、特に日本の物理学界が否定的であり、とても厳しい条件での研究だった。その研究者の1人が当時、NTT基礎研究所で研究をなさっていた山口栄一氏（現・京都大学大学院総合生存学館教授）だ。1992年に常温核融合が起きることを発表された。それまで中心的に行われていた「重水《じゅうすい》の電気分解の方法」とは異なった画期的な発表だった。当時、メディアは騒いだが、日本ではまだ研究者の多くが常温核融合には懐疑的で、短時間で話題も潰《つい》えてしまった。それでも、元・北海道大学の水野忠彦助手など、国内の多くの研究者たちは、可能性に賭ける熱い想《おも》いと信念で研究を続けた。

2014年3月下旬、三菱重工先進技術研究センターの岩村康弘インテリジェンスグループ長（当時）は、米国マサチューセッツ工科大学で、世界中から集まった研究者たちに元素変換ができたことを発表した。特殊な薄膜《うすまく》に重水素を透過させる技術で、カルシウムがチタンになり、タングステンが白金に変わるなどを確認したと発表した。まさに高エネルギーを加えることなく元素変換させたわけだ。

わずか100万分の1というマイクログラム単位の〝錬金術〟だが、科学的には、とても〝重い確認〟であった。と同時にこれはとりもなおさず、常温核融合が実際に起こりうることも示唆《しさ》していると言える。

科学とは、微塵でもそこに可能性が存在するなら、追い続けるべきものなのだ。ごくまれにしか起こらない現象だからといって、排除しようとする態度は、本来の科学的態度とは言いがたい。「ある人にはつくれるが、他の研究者が再現できなかったから、嘘《うそ》だ」という態度も同様である。

新しい宇宙観に基づく未来科学では、〝新たな可能性〟の追求が必要となる。今の科学では、「実験条件」を目に見える物質のみに限定し、その背後にある〝精神場〟のようなものを実験条件に加えていないことが、本来の実験条件を正しく定義できていない原因ではないかと推察する。未来科学では、いかなる可能性も否定することなく、追求していくことを決して忘れてはならない。なぜなら、それが科学なのだから。

科学が目指すユートピアとは

ここで少しユートピアについて言及する。それも、「大宇宙」を前提にした、私がイメージするユートピアについて。

それは新しい宇宙観に基づく未来科学の目的にも合致するから、物質世界だけの範疇《はんちゅう》で語られるものではない。精神世界の原理をも含めた理想の社会とでも言うべきものを私はイメージしている。利己的な価値観ではなく、利他的な価値観の下《もと》に形成される社会。その意味では、宗教の示す理想の社会と重なるのが、私が考えるユートピアなのだ。

私は、幸福とは、主観的には魂の進化（＝精神的成長）であり、大きな視点では、〝神による宇宙の進化の表現〟だと思う（大川隆法著『太陽の法』参照）。

また、人類が新しい物理学を発見し、宇宙航行の技術を発明することによって、別の天体に存在する文明との交流が始まることになる。それによって、新たな価値観が生まれ、「愛」の概念が拡大するだろう。私たちとは異なる姿をした生命体と遭遇《そうぐう》し、そのような存在を数多く創られた神の意図を探求することが、21世紀以降から本格的に始まるのだ。これから、科学や技術開発に携わる者は、常に神の意図する世界観を自らの中心に据えなければならない。

科学は、大宇宙の構造を物理的に解明し、時空間を移動できる宇宙輸送システムなどのツールを開発していくだろう。人類の精神性の向上を目的として、新たな知見を広げるための役割として貢献することになる。

「心」は科学の対象になりうるか

科学は客観性を重視する。ゆえに、「心」を扱う分野、例えば「心理学」や「宗教」は、理学や工学に携わる方から見れば、主観的要素の解釈が多くて、つかみどころがないように見えるだろう。

「心理学」は「学問」ではあるが、統計的な評価はできるものの、より客観的な方程式を定義することは難しいように思われる。なぜなら、規則性がなくて、捉えどころがないからだ。

ここでは、「心」を最初に学問として捉えようとしたフロイトとユングという2人の深層心理学者の取り組みを中心に見てみることにする。

スイスの精神科医で心理学者でもあるカール・グスタフ・ユング。彼は、オーストリアの精神科医で精神分析の創始者ジークムント・フロイトを支え、ともに精神分析の領域を切り開いた人物である。ユングは霊能者であったことも知られており、より霊的世界に踏み込んだ立場から心理学を展開した。このことで、心理学を唯物論的（人間機械論的）に捉えようとしたフロイトと対立し、袂《たもと》を分かつことになる。

フロイトは、大人になって精神的に異常が現れたり、精神的な苦しみが生まれたりするのは、幼児期の性的ないじめや両親の虐待による記憶が無意識下に抑圧されたことが原因であるという立場から、心理学を構築したことで知られている。

一方、ユングは、人には「普遍的無意識」という領域が存在することを説いた。人間の無意識のさらにその奥には先天的に備わった領域があり、〝我々人類が共有する認識〟のようなものを引き継いでいる、というのだ。宇宙の表側に出ている「３次元の世界」と、それとは別の空間に存在する「無意識の世界」との間に、たくさんの網目のような見えない作用が働いていて、偶然ではなく、いろいろなものが因果関係でつながっているというように捉えていた。

また、アメリカの精神科医ブライアン・L・ワイス博士が1986年に著書の中で発表した「退行催眠」。催眠療法中に、生まれる以前の記憶が蘇《よみがえ》ったという事実。それによれば、「普遍的無意識」だけでなく、いわゆる前世に対する「個人領域の無意識」も存在していることになる。これは魂の連続性を実験的に示した事例と言ってもよい。

もちろん、反対の立場の方も多い。「退行催眠で見た現象は、前頭葉の記憶が何らかの刺激で蘇っただけだ」と言う学者もいるが、私はそうは思わない。この現象の捉え方としては、「人間の精神は、脳のシナプスの活動から生まれる」と見るのではなく、「もう1つ別の空間に精神（＝意識）が存在している」と見るべきである。脳から意識が生まれたのではなく、むしろ、別の空間（※後述する「スペクトル空間」）にある「意識」が、脳と相互作用していると考えるべきである。

このように、「心」というものは主観的であって、客観化する対象からは最も遠いように思われがちだが、ユングは、「心」を深層心理まで掘り下げたことにより、「因果の法則」が存在していることを発見した。また、ワイスは退行催眠を通して、「心」（魂）の「時間的」な連続性を発見した。そして、「心」は時間的に連続的で、因果の法則に従っているのみならず、集合的無意識として「空間的」にも広がっていた。ここには、人知を超えた「神」の「設計図」が隠されていると見るべきではないだろうか。私はそのように思う。

多くの先哲たちが取り組んできた「神の存在証明」

「神」の存在は、科学としていまだ明らかになっていない。しかし、だからといって、否定する必要もない。科学は、ある種、仮説から証明へと移行していく。学生の方は、教科書に書いてあることは真実で、厳格な理論的枠組みが組まれていると思っているかもしれないが、実際にはそういうものでもない。理論を構築する過程では、仮説として必要と考えられるものを柔軟に組み込んで、考察するものだからだ。

多くの先哲たちも、「神」について同じ悩みと考えを持っていた。遡《さかのぼ》れば、紀元前

300年代、キリスト教が誕生する前、プラトンの弟子だったアリストテレスも示唆深い結論を残している。彼は、「事象や事物には、原因と結果がある。宇宙には運動している物体があり、その運動には原因が存在する。それを突き詰めていくと、偶然ではなく、『根本原因』に辿りつく」として、そこに「神」の存在を見出した。哲学と科学の境界もない時代から自然の摂理の解明を試みる時に突き当たる疑問と答えである。

さらに、古典力学や近代物理学の祖とも称されるアイザック・ニュートン。彼は1686年、当時44歳で、ニュートン力学の発表とも言える『自然哲学の数学的諸原理』を刊行した。その中で、宇宙の体系を生み出した「知を極めたそれ以上ない優れた能力」に触れ、それを「万物の主」と結論付けている。

1955年に他界したアルベルト・アインシュタイン。彼は、量子力学の発展に寄《き》与《よ》したニールス・ボーアと論争し、「神はサイコロを振らない」と批判した。量子力学は、「観察される現象が確率的に、いわば偶発的に選択されるという曖昧《あいまい》さを持つ」と主張する。それに対し、「運動には、原因と結果があり、明確な法則がある」と主張するアインシュタインには、その曖昧さが許せなかった。その時の言葉だ。

この言葉の奥には、科学者だからこそ分かる世界観があると思う。地球を含めた宇宙の大きな構造が偶発的にできたとは思えず、その背景にある大きな力の存在を感じていたからこそ、この言葉が出てきたのだろう。

「神」の領域は本当に知りえないものなのか

18世紀後半にイマヌエル・カントが『可感界と知性界について』を著《あらわ》し、理性の対象について方向性を示した。それがベースとなり、外部の事物の探究をしていた哲学を、「人そのもの、思考などを探究する」という、今の哲学のイメージに大きく転換させた。

さらに、カントは『純粋理性批判』の中で、「科学の対象になるもの」と「神や宗教、現象の根本原因など、形而上学《けいじじょうがく》の対象になるもの」とを分けた。

この考え方を引き継いだイギリスの生物学者トマス・ヘンリー・ハクスレーが、

1869年の講演でアグノスティク（agnostic）という造語を用いて「不可知論の」「不可知論者」と表現したことで、「不可知」という表現が一般化していった。

最近では、文字通りの単純な意味で〝理解できないこと〟を意味していることが多いが、「不可知論」としていくつかの異なる意味でも使われている。簡単に説明すれば、哲学的な側面から見ると、「主体が人間である以上、人の認識できる知識や経験、感覚など以上に実在を客観的に捉えることができない。人の能力を超えたことは人間には分かるわけがない」という意味だ。ゆえに、〝不可知〟なのだ、ということ。

私としては、客観的に現象や事象を解き明かしていくのが科学で、現在はまだ知りえないものであっても、科学の進歩とともに客観的に捉えることができると確信している。

ガリレオ裁判は、科学と宗教の対立だけではなかった

かつて、科学者が、神の領域を永遠なる未知の事象として、つまり〝不可知〟とし

て探求を避けていた時期もあった。

宗教も、時として、科学が、宗教の領域である〝不可知〟領域に入ることを痛烈に批判してきた。両者は相まみえることがない部分があるとさえ思われてきた。むしろ対立さえしていた時期もある。

多くの人が科学と宗教の関係を考える時、即座にイメージするのは、ニコラウス・コペルニクスの「地動説」にまつわる科学とキリスト教との〝対立〟だと思う。「それでも地球は動く」というガリレオの言葉が、当時の宗教裁判で発せられたと記憶している方は多いはずだ。

実は裁判では、そんな発言はしていないというのが真相のようだ。それはともかく、当時のヨーロッパでは、宇宙は地球を中心に動いているという「天動説」が主流だった。そんな中、教会の司祭でもあったコペルニクスが、地球は太陽の周りを回っているという「地動説」を発表した。１５４３年、彼が没した年に出版された『天球の回転について』という本の中に、それは記載されていた。

しかし、当時のコペルニクスの発表では、惑星は円軌道を描くと考えられており、すぐに「地動説」が認められたわけではなかった。1609年にヨハネス・ケプラーによって、惑星の軌道は楕円であることが発表されても、その状況はしばらく続いた。天体観測者たちが天体の位置を計測する際に、計測結果が楕円軌道と符合《ふごう》したことで初めて、「地動説」は本格的に定着していった。

その一方で、宗教と科学の対立では悲しい出来事も起きた。コペルニクスと同じように「地動説」を主張したジョルダーノ・ブルーノは、尋問や要求にも屈しないで、自説を撤回《てっかい》しなかった。結果、火刑《かけい》に処せられた。そういった悲劇もあり、キリスト教ローマ教皇庁が極端な弾圧をしたと受け止められている。しかし、実態はそうとも言えない部分もある。

コペルニクスの『天体の回転について』は、ガリレオ裁判の直前に一時、閲覧《えつらん》が禁じられた。だが、禁書にはならなかった。数学的な仮定であるという注釈をつけ、数年後に再び閲覧が許可されたという。

ご承知のように、当時のヨーロッパでは、カトリック教会の腐敗《ふはい》への抵抗と、『聖書』への回帰運動が相まった宗教改革が起こり、カトリックとプロテスタントがぶつかっていた。１６１８年から１６４８年まで、ドイツを中心にカトリック（旧教）とプロテスタント（新教）との長い争い、「三十年戦争」が勃発《ぼっぱつ》するような状態だった。

その中で、ガリレオは、１６３２年に書いた『天文対話』で教会から異端審問《しんもん》を受け、翌年、宗教裁判にかけられていた。この時は、神や天地創造などの教義と「地動説」を関連付ける発言を慎《つつし》むようにとの示唆を含んだ判決で、無罪放免《ほうめん》となった。

しかし、ガリレオは、それ以前の１５９０年に書いた『運動について』で、「落下などの自然運動は物体の重さに関係し、自然以外で動くものは、力によるか、他からの突き出し作用によって動く」という説を発表し、当時、主流だったアリストテレスの考えを覆《くつがえ》していた。多くの学者や宗教関係者が支持していたアリストテレスの哲学が否定されたということで、学者間でも軋轢《あつれき》が起きていたのだ。言ってしまえば派閥《はばつ》抗争《こうそう》である。

純然とした宗教教義との対立ではなく、このような学閥の影響と宗教改革に対するカトリックの反宗教改革の動きも作用し、ガリレオは、１６３３年、２度目の宗教裁判を受けることになった。宗教だけではない歪んだ部分が重なる裁判であったとも言われている。

結果、ガリレオは異端と認定された。そして、裁判の中の異端誓絶文《せいぜつぶん》の終わりで口ずさんだと言われているのが、先ほどの「それでも地球は動く」だった。

ガリレオは、天体観測によって、当時分かっていなかった「木星の衛星の存在」「金星の満ち欠け」「太陽黒点」の発見などで結果を出し、「地動説」を確かなものにしている。不幸にして2回目の裁判以降、亡くなるまで彼は表舞台から姿を消すこととなった。

だが、ガリレオも神を信じていた。神は『聖書』だけでなく、自然の中にも現れると考えていた。彼は、科学、とりわけ「地動説」が宗教と対立するとは、夢にも思っていなかったはずだ。

非常に時間はかかったが、1992年、ローマ教皇ヨハネ・パウロ2世は、ガリレオ裁判が誤りであったことを認め、公式にガリレオに謝罪した。

紐解けば、一般に考えられているような宗教と科学の対立も、実は真正面からの対立という構図ではないことがご理解いただけたと思う。

時代を超え、21世紀の現在、科学と宗教はその接点を確かに認め合い始めてきている。

アプローチは違うが、科学も宗教も目的は同じ

宗教が説いているのは、「摂理」と、そこに込められた「神の意図」。それに、私たち人類の生と死後を含む「大宇宙の構造」である。

一方、科学の目指すものは、宇宙に存在するさまざまな生命や文明の存在意義を探求することでもある。その時に弊害《へいがい》になっているのは、「目に見える世界からつくり上げた世界観に基づいて、善悪、正義、判断基準をつくること」だと言える。しかし、科学にとっての宗教とは、「自分たちが認識できていない未知の法則や超自然的なものの存在について、数式ではなく普通の言葉で教えてくれるもの」というように捉えるべきである。むしろ謙虚に耳を傾けるべきであって、「宗教」という理由だけで、頭から否定するのはいかがなものかと思う。

アプローチは違うが、科学も目指すところの〝ユートピア〟は同じだと、私は理解している。宇宙では多くの文明が存在していると考えられる。それぞれの〝種〟が、きっと〝理想〟を目指しているはずだ。あたかも〝ユートピアづくり〟の実験が行われているように。

現代の科学では仮説である「マルチバース」（パラレル・ワールド）が、実際には存在するようである。例えば、地球には、霊界を含んだ高次元の「大宇宙」が存在し、同時に、太陽や銀河を含めた「宇宙」がパラレルに折り重なるように多重に存在している、というようなことである。ややイメージするのが難しいのだが、そのような立体的な構造の中で、いろいろな文明が存在し、私たち人類同様に、それぞれの種族はそれぞれなりに思考し、繁栄、つまり「幸福の探求」を行っていると言ってもよいだろう（注1）。

これからの科学は、地球を含む観測可能な宇宙だけでなく、さらにそれを包括《ほうかつ》する「大宇宙」の構造を解き明かすことが必要になっている。〝本来の自然の摂理〟の中にある法則の解明。そして、この「大宇宙」の構造を創るために描かれた〝設計図〟に込められた深い〝意図〟をも解き明かすこと。これこそが私が目指す「新しい科学」の本質で、人類の存在する意味を確認することにもつながる。「大宇宙」の自然の摂理の解明は、まさに科学として為《な》すべき自然的必然、〝当為《とうい》の科学〟だと言えるのではないだろうか。

そこには、新たなる可能性も数多《あまた》あると確信している。生命エネルギー活動など、「大宇宙」での〝本来の自然の摂理〟に関する法則の解明である。新しい分野でのエネルギー、移動方法、コミュニケーション手段など、それは、新しい形で人類の発展に貢献するはずである。

私は「神の足跡《あしあと》」を追いかけながら、必要に応じて、霊など、生命エネルギーを含めた「神」の存在を柔軟に仮説に組み込んだ「新しい科学」を始動させていく。こういった「新しい科学」の取り組みは、すでに一部の研究者から共感を得ている。単に観念論としてではなく、再現性と反証《はんしょう》受け入れを持った形で、「神」の存在を仮説に組み込んだ科学が動き始めているのである。これが「新しい科学」である。

まだ科学の探求手法としては始まったばかりだが、大きな変革、パラダイムシフトにつながると、私は信じている。

かつて科学は、哲学や宗教から生まれ、一時期ともに歩んだ。21世紀の現代、「新しい科学」は、アプローチは宗教とは違うが、大きな目的を共有し、再び、神の存在、生命エネルギーの存在を仮説に組み込んだ研究を始める。やがて「新しい科学」の「新しい」の3文字が消え、ごく一般の「科学」となる日が来ると信じて。

（注1）宇宙観については、大川隆法著『宇宙人のリーダー学を学ぶ』（53～61ページ）等を参考にした。

3

宇宙の始まりの謎

ベテルギウスがもうすぐ爆発する⁉

冬の星座で誰もが見つけやすく馴染《なじ》み深いのは、オリオン座だと思う。肩と足を示す4つの星と、ベルトを表す直線的に並んだ3つの星。こん棒を振り上げた勇士の姿をつくる、あの星座だ。3つの星は、日本でも昔から認知されていて、「一文字に三つ星」という、毛利《もうり》家（長州《ちょうしゅう》藩）の家紋《かもん》にもなっている。

そのオリオン座の右肩に位置するベテルギウスが夜空から消えようとしている。太陽の20倍の質量、900倍の直径を持つこの赤色超巨星が、超新星爆発を起こしそうなのだ。

すでに爆発を起こしているかもしれない。というのも、地球からの距離がおよそ642光年。今、観測しているのは過去も過去、南北朝時代のベテルギウスだからだ。先端技術で観測しているといっても、642年前の過去の地点に立って未来予測しているわけである。

では、その爆発が起こるとどんな状態になるか。100日間ぐらい半月《はんげつ》より明るい青白い星となり、太陽が出ている日中でも肉眼で見えるようになる。そして、忽然《こつぜん》として私たちの視界から消え失せてしまうのである。

ベテルギウスの末路は、まず中心付近の圧力が重力を支えきれずに崩壊することから始まる。この時点で、ニュートリノという粒子と重力波が642年かけて地球にも届く。超新星爆発の前兆である。ニュートリノの観測で有名な日本のスーパーカミオカンデで、この粒子の動きを摑《つか》み、世界にベテルギウスの終焉《しゅうえん》を告知することになる。

ベテルギウスは巨大な恒星なので、内部の崩壊、衝撃波《しょうげきは》が表面に伝わるだけでも、数日間はかかってしまう。その衝撃波が表面に到達すると、アーク溶接《ようせつ》のように青白い輝きを発する。周辺の惑星は次々に爆発に呑《の》み込まれていく。1光年離れていても、その衝撃波の影響は甚大《じんだい》である。それ以上離れた所でも、宇宙に漂《ただよ》う星間ガスを吹き飛ばしたり、一部の惑星の大気を削り取ってしまったりすることが予測される。

もちろん、太陽系にも影響を及ぼす可能性がある。大気のない衛星には、ガンマ線などの放射線が直接照射される。その量は太陽フレアの比ではない。どのような状況になるのか、想定しがたいことが起きるおそれもあると言われている。

地球では、ガンマ線のエネルギーが大気中の窒素を電離させる。そして、生成された窒素酸化物がオゾン層を破壊していくことになる。もし大量のガンマ線が地球に降り注げば、巨大なオゾンホールができ、ガンマ線が直接地上を襲うことになる。同時に、それまで遮蔽《しゃへい》されていた紫外線や宇宙線も容赦《ようしゃ》なく降り注ぎ、地上の生命体に大きな影響を与えていくことになる。

幸いにして、ベテルギウスの自転軸は地球から20度ずれていた。超新星爆発でのガンマ線放出は、その星の自転軸から2度の範囲で放出される。これによって、「爆発で起きるガンマ線バーストで地球のオゾン層が破壊され、大量の生命体が害のある宇宙線に晒《さら》される」という危機のシナリオは回避できる見込みだ。

光を含めた電磁波は光より速くなることはない。ゆえに、今の科学では642年前のベテルギウスを観測し、〝過去〟を予測することしかできないのだ。

642光年離れた地球でも影響を受けかねないのだから、ベテルギウスの周囲を公転する惑星に文明を持つ種族が存在していたとしても、その文明は瞬時に消滅してしまうことになる。また、この爆発の影響を受ける銀河系の恒星、惑星は少なくない。

なぜビッグバンが起きたのか

確かに宇宙は休むことなく変化している。そんな宇宙がどうやって誕生したのだろうか。疑問はそこから始まる。

１９４８年、理論物理学者ジョージ・ガモフらが、宇宙誕生について１つの説を発表した。現在、最も有力な仮説とされている「ビッグバン」である。宇宙は約１３８億年前に超高温、超高密度のパチンコ玉くらいの火の玉が爆発（膨張《ぼうちょう》）して誕生したという説。皆さんもご存じの考え方だ。まさに宇宙の産声は爆発だったというもの。

しかし、その瞬間はあまりにも遠すぎる過去の話である。しかも、爆発の前には、今のような「時間」という概念も存在しなかったという。まるっきり「法則」の違った世界から、突如《とつじょ》爆発が起こり、それからこの宇宙が始まったという説である。

つまり、「ビッグバン」が、物理学でいう「特異点《とくいてん》」で、私たちの世界を構成する基準、3次元プラス時間の「4次元時空」が誕生した瞬間でもあった。それ以前は私たちには想像できない。今の基準が適用できない〝場〟だった。

「ビッグバン」の瞬間以降、4次元時空はスタートし、時間が刻まれ始めた。超高温の爆発膨張の中、新たな粒子が誕生した。次第に温度が下がり、膨張スピードが減速し始めると、粒子に重力が発生し、次々と物質が生成されたと考えられている。

この宇宙で物質をつくった影の功労者が、「霧《きり》のような」とも言うべき存在のヒッグス粒子である。2012年7月、スイスにあるCERN《セルン》（欧州合同原子核研究所）は、世の中の最も基本的な粒子の1つで、ものに重さを与え、質量の起源と言われる「ヒッグス粒子」と見られる新粒子を発見したと発表。一斉にメディアを賑《にぎ》わせたので、皆さんも聞いたことがあると思う。

そもそもヒッグス粒子は、宇宙のどこにでもあるはずなのに見つからないことから「神の粒子」と呼ばれ、世界の研究者らが40年以上の歳月をかけて探し求めてきたものだったのだ。

宇宙誕生時、素粒子は、爆発的に拡散する中、質量を持たず光の速度で動き回り、互いにほとんど関わりを持たなかった。ところが、爆発膨張に伴い温度が下がると、「相転移《そうてんい》」が起きた。相転移とは、例えば、水蒸気が液化して水になるように、１つの相《そう》から別の相へ、物質の状態が変わることをいう。それにより、ヒッグス粒子が所狭しと霧のように発生し始め、飛び回る素粒子の周囲を埋め尽くしたと考えられている。素粒子は、それまで地上で走っていた人が急に水中に入れられたように速度を落とし、質量を持つようになった。

質量を持ったことで引力が発生し、互いに引き付け合うようになる。さまざまな重さを持った素粒子たちは互いにくっつき、原子をつくり、これが物質となっていった。そして、星や銀河を生成し、生物を形づくっていった。宇宙は、素粒子が集合する〝モノ〟で溢《あふ》れるようになったのだ。

そもそも素粒子には大別すると２つの種類がある。ものを形づくる素粒子と、力を伝える素粒子だ。ヒッグス粒子はそのどちらにも属さず、それらの素粒子に質量を与える。しかし、ヒッグス粒子にも、相性の合わない素粒子がある。光子などは、その典型である。ヒッグス粒子の影響を受けない素粒子たちは、スピードを落とさず光速で空間を移動する。

今回、CERNで直接ヒッグス粒子を捉えたわけではない。ヒッグス粒子は姿を見せた瞬間に壊れるため、直接検出することはできない。ヒッグス粒子が壊れて、光子など別の素粒子に姿を変えたものを捉え、壊れる前のヒッグス粒子の存在を証明するしかない。そのために膨大なデータから正しいものをより分け、その存在が証明できたということで発表した。今回は新しい素粒子の発見であることは間違いないが、何通りもの壊れ方をさらに詳しく調べてみないと、ヒッグス粒子とは完全に断定できない、という段階である。しかし、CERNが発表に踏み切ったということは、ほぼヒッグス粒子に間違いないと言える。

星の材料となる物質は、ビッグバン後、宇宙が膨張拡大する中で引力によって互いに集まり、衝突しながら続々と誕生した。すると、大きな物質はさらに質量を増し、その引力で周辺の物質を集めるようになっていく。現在、銀河の中には水素やヘリウムを主成分とするガス、炭素やケイ素を主成分とする大きさもバラバラな塵《ちり》などの星間物質が存在している。この星の素《もと》となる塊《かたまり》や塵が自らの引力で集まり、また衝突や爆発で離合集散しながら、新たなる恒星や惑星をつくってきた。

あるものは、とてつもなく大きな塊となり、その重力で凝縮《ぎょうしゅく》され、内部で核融合を起こし、恒星となっていった。そして、その周りに惑星の原型（原始惑星）を従え、引力と公転する遠心力でバランスを取り、恒星系をなしていった。その恒星系自体も、さらに質量の大きな恒星など、銀河の中心部の引力と遠心力のバランスの中で、銀河内を公転するようになる。

こうして、いくつもの銀河が形成されていった。その無数の銀河の１つが天の川銀河で、その中の数多くある恒星系の１つが太陽系となった。さらに、その１つの惑星が、私たちの住む地球なのだ。１３８億年の歳月を経て、現在の私たちがその地球に存在しているということになる。

では、なぜ突然、そして、どんな空間から急激な爆発が始まったのか。宇宙誕生のきっかけは未解明で、人知を超えた「神」のみぞ知ること、とさえ言われた。いわゆる「神の一撃」がビッグバンに関与した、という考えであった。

宇宙はどのようにして「無」から生まれたのか

ところが、その後の１９８１年、宇宙物理学者の佐藤勝彦先生とアラン・グース先生が期せずして同じ内容の論文を発表し、宇宙誕生に関しての定説は、新しい定説に置き換わった。

現在では、「ビッグバン」の直前、電子顕微鏡でも見ることのできない素粒子より小さな世界で、「インフレーション」という急激な膨張が起きたと想定されるようになった。その時間は宇宙誕生の10^{-36}秒後から10^{-34}秒の間。瞬時にパチンコ玉くらいの火の玉状態まで膨張した。その火の玉状態が「ビッグバンの始まり」だと考えられるようになった。ビッグバンの前段階が理論上明らかにされたのだ。

さらに、この「インフレーション」直前の瞬間の中の一瞬、目には見えない極小空間こそが宇宙の誕生であるというのが、現在の定説「インフレーション理論」である。

真空というと、一般には何もない「無」の世界と思いがちだ。はたして無から有が

真空のゆらぎ

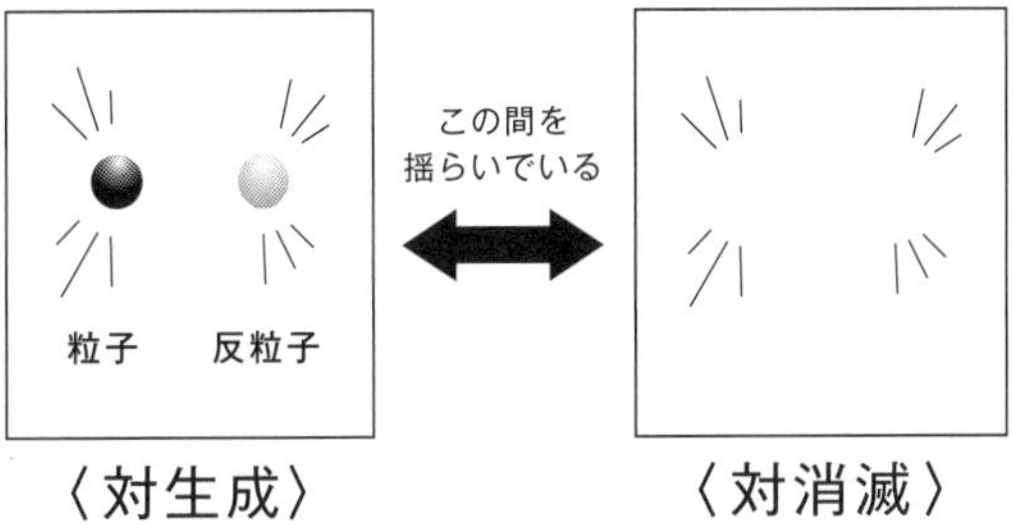

真空には何もないと思われがちだが、粒子と反粒子が生成される「対《つい》生成」と、粒子と反粒子が衝突してエネルギー還元される「対消滅」が繰り返されている。これを「真空のゆらぎ」と呼ぶ。

生じるのだろうか、素朴な疑問が生じる。しかし、量子の世界では、真空中、至る所で、素粒子の生成と消滅が繰り返されているのだという。それにより、物理的には消すことができない振動が空間には潜《ひそ》んでいるという。何もないけど振動があるという、ちょっと想像しにくいが、「無」と「有」の間を行ったり来たり揺《ゆ》らいでいることになる。つまり、〝ゆらぎ〟が存在しているというのである。

　この状態の中で、トンネル効果が起きた。極小の世界では、素粒子や電子が、通常では通れないはずの壁を条件いかんによっては通り抜けてしまうことがある。これをトンネル効果と言い、半導体にもこの原理は使われている。なぜかこのトンネル効果が〝ゆらぎ〟の状態で起き、目には見えないほど小さな宇宙が誕生した。この偶然の瞬間が、宇宙の誕生なのだ。

生まれたての宇宙は、急膨張してエネルギー密度が急激に低くなるので、温度が急に冷えた。水が氷に相転移する際には熱エネルギーが解放されるが、それと同じような現象がここで起き、大量の熱エネルギーが蓄積された。つまり、真空のエネルギーが、相転移によって熱エネルギーに変わったのだ。それにより、火の玉状態、「ビッグバン」に移行していったという。

言葉にすると、段階があったように思えるが、1秒の何兆分の1のさらにそのもっと短い瞬間に起きたことだった。これが宇宙誕生のきっかけで、宇宙の始まりは〝神の一撃〟ではない、という論である。

しかし、私をはじめ、研究者の間では、「〝ゆらぎ〟は真空の中でも起きる。トンネル効果が起きてもおかしくない。確かにビッグバンを起こす原因として論理的説明がつく。だが、今の精緻《せいち》な宇宙につながる第一原因が、138億年に1回の偶然の〝ゆらぎ〟だと言えるのだろうか。むしろ、整った宇宙を創るために、そこに〝神の一撃〟があったとしても否定はできない」という考えを持っている方も多い。

泡のように無数の宇宙が生まれた？

最近では、「新しいインフレーション理論」と称されるものも出てきている。真空の相転移ではなく、インフラトンという仮想の素粒子によってインフレーションが起きたという説である。

いずれにせよ、インフレーションが起きなければ、宇宙の始まりはないが、このインフレーションで、宇宙が次々と誕生したという説もある。沸騰《ふっとう》しているお湯を見ると分かるように、沸《わ》かした水全体が一気に気体になるのではなく、部分、部分で時間差を置いてボコボコ気体になる。このようにインフレーションは、場所によって時間差が生じる。

どういう事態になるか。最初にインフレーションが起きた所では、次々と急激な膨張が始まる。一方、遅れてインフレーションが始まった所では、膨張する空間と空間に挟《はさ》まれてスペースが狭くなると同時に、急激な膨張を起こす。そのため、その部分

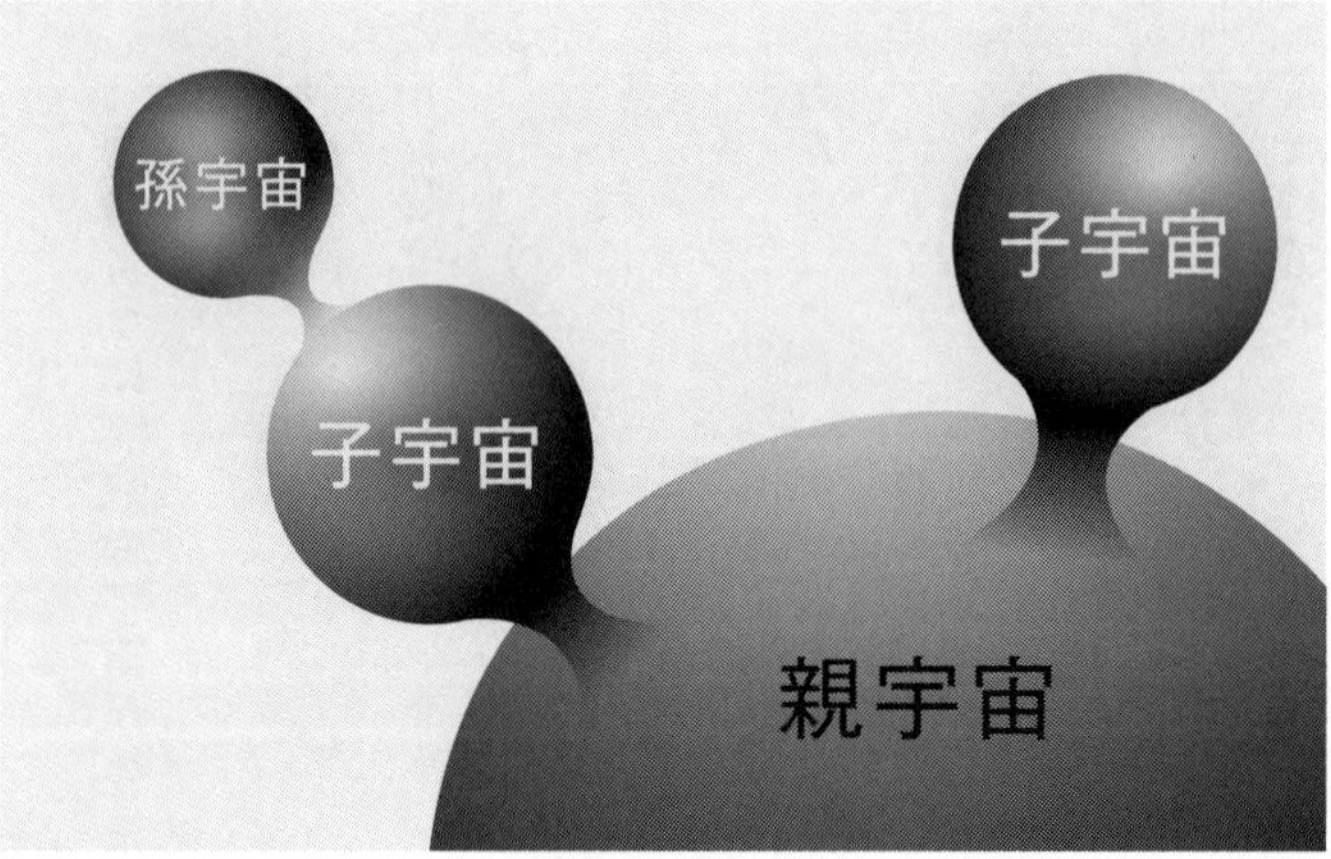

宇宙の多重発生のイメージ

は宇宙の外側に押し出されて膨張する。こうしてできるのが「子宇宙」である。この「子宇宙」もインフレーションを起こし、同様に「孫宇宙」をつくる。

もしそうなら、無数の宇宙が大宇宙に一挙に生まれたことになる。宇宙は1つ（uni）ではなく、多数（multi）であることから、物理学では、「マルチバース」（多元宇宙）という言葉が使われるようになってきている。

このマルチバースが生まれる過程では、私たちが住む4次元時空の宇宙とはまったく違う宇宙が誕生することも考えられるという。私たちには想像すらできないが、物理定数や素粒子が異なる宇宙が、まるで小さなシャボン玉が無数に放出されるように誕生した可能性も大きいという。

今述べてきたことは、あくまでも理論上の世界で、数式によって導き出された説である。宇宙の始まりの研究は今も続いている。

その反対に、私たちの宇宙の終わりの話も出てきている。

宇宙が、ある限界点で膨張を止め、宇宙を広げる斥力《せきりょく》より重力が勝《まさ》り収縮に向かい、最後は点となり、再度ビッグバンを起こす。周期的にそれを繰り返すという考えだ。

別の説もある。宇宙のゴーストタウン化という考えだ。10^{14}（100兆）年後になると、核融合のもととなる水素がなくなり、太陽などの恒星が燃え尽きていく。星をつくる原料となるガス雲も枯渇《こかつ》する。当然、惑星も軌道がずれてしまう。惑星同士の衝突も起きる。環境は激変し、生命体は維持できず死滅する。こういった終焉《しゅうえん》を予測する考えである。

無数に生まれた宇宙の中の1つの宇宙、私たちの宇宙は、今後どうなっていくのか。まさに、「神」のみぞ知る、という状態なのだ。

だが、終焉より前の段階でも、素朴な疑問が生じる。宇宙が次々に誕生するなら、宇宙同士の衝突はないのか。

また、宇宙の初期は、超高温状態で爆発膨張し、素粒子から陽子や電子や中性子、さらには原子ができ、物質が組成されながら急激に膨らみ続けた。

この時、理論上は、エネルギーから粒子（物質）と反粒子（反物質）は同じ数だけできることになっている。反粒子とは、質量やスピンは同じだが、電荷などの符号《ふごう》は逆の粒子のことである。例えば、プラスの電荷を持った陽電子は、電子の反物質ということになる。そして、この粒子と反粒子のペアは仲が悪く、出合うと質量をエネルギーに変え、物質自体は消滅してしまうのだ（対《つい》消滅）。

ということは、今の宇宙に存在する「物質」は、なぜか反物質とぶつからなかった生き残りということになる。反物質でできた宇宙が、もう1つどこかに存在するはずである。しかし、同じ数だけ残っているはずの反物質は、現在までのところ行方不明のまま、発見されていない。なぜなのか。

やはり、私たちの宇宙が存在し、これだけ精緻に維持されている背景には、〝設計図〟があったのではないだろうか。

4

「生命エネルギー」の科学的証明を目指して

臨死体験で明らかになりつつある「死後の世界」

人類が「死」の意味を捉え直す機会が訪れている。そんな動きが医学界で起きている。医学上の「死」と判定された人が、しばらくして息を吹き返した時に語った死後の体験。それが「臨死体験」（Near Death Experience）と呼ばれるものである。

以前から、その調査は行われてきた。当然、オカルト的、宗教的だと言って、いまだに認めない人たちもいる。だが、研究者の努力やジャーナリストの活動で数多くのヒアリングを実施して、臨死に関するデータは膨大《ぼうだい》なものになってきた。その結果は、1つの「事実」を示していた。

少なからず調査対象の方々は、「死亡」直後、類似の体験をしている。なぜ、国も違い、言葉も異なり、宗教さえ違っていても、共通の臨死体験を語るのか。それも、蘇生《そせい》した人の約1割が鮮明《せんめい》にその状況を語れるのか。

決して否定できないこの実態を地道に調査した1人が、故エリザベス・キューブラー・ロスだった。『死ぬ瞬間──死とその過程について』など、死に関しての著作物は、約20冊にも及ぶ。患者さんの死に向き合うターミナルケアの先駆けを担った人物としても、医学界では高く評価される精神科医である。

彼女自身、自らが担当していた患者さんから臨死体験を聞かされたこと。また、その話の内容が実に正確な描写だったこと。これらの体験によって、彼女は臨死体験について考えるようになった。2万ケース近くものデータを集めたとも言われるほど、数多くの臨床例を調べたという。中には、視力を失ってから10年以上経つ患者さんが、臨死体験を語った時に、本人の死に立ち会った人たちの服装などを正確に伝えたという記録もある。

臨死体験した人たちが同じように語ることは、肉体から離れ、自分の肉体を俯瞰《ふかん》するということ。自分の死の直後の病室の状況を克明に語れる。しかも、肉体から離脱した時、気分はむしろ心地よい状態になるという。死んだ親族や知り合いと会うケースもある。当然、本人の肉体の知覚は機能していない。だが、肉体から離れた意識は覚醒《かくせい》している。離脱後、しばらくして、トンネルを通り、明るい光、花畑や、三途《さんず》の川とも言える川に差しかかるなど、一様に似た体験をしている。

この辺りが、生と死の本当の境界で、ここで、その先に行くかどうかの選択がある。そして、川を渡らなかったり、花畑から引き返したりすることで、それぞれの患者さんは蘇生している。多くの臨死体験者は類似した経験をしていた。

このように、実際のインタビュー調査を繰り返すことで、エリザベス・キューブラー・ロスは、肉体とは別に魂が存在することを認識するようになったという。

彼女と同じように、コネチカット大学のケネス・リング心理学博士も、やはり目の不自由な31人の臨死体験調査を行ったという報告がある。その結果は、回答者の8割が臨死体験中に視覚を取り戻していたという。多くは自分が横たわっている姿を見ており、中には、ぼやけながらだったという被験者の体験も含まれているそうだ。

1963年にノーベル医学・生理学賞を受賞した神経生理学者ジョン・C・エクルズは、カール・ポパーとの共著『自我と脳』の中で、「非物質の自我や意識が脳とは別に存在している」と記している。そして、「脳の研究が進めば進むほど、両者が別の存在であることが明らかになってきている」とも言っている。

２０１２年の秋に米国バージニア大学の神経外科医エバン・アレキサンダー医師は、臨死体験に関する手記 *“Proof of Heaven: A Neurosurgeon's Journey into the Afterlife”*（天国の証明：神経外科医の死後への旅）を出版した。その中で、それまで体験したことのない次元を旅したと記している。

ウェブ上でも、アメリカの臨死体験研究財団が、ホームページの中で数多くの臨死体験例を掲載《けいさい》し続けている。

当然、これまで日本でも「臨死体験」についての報告は行われていた。その１つがノンフィクション作家の立花隆さんのレポートだ。１９９１年に臨死をテーマにＮＨＫの放送や雑誌で取り上げ、連載を上下巻の書籍にまとめベストセラーにもなった。死後の世界を垣間見た方々に多くの共通点があることを克明にレポートし、海外の研究者のインタビューも行った力作である。話題にもなったので、記憶に残っていらっしゃる方も多いと思う。

また、世界５大医学専門誌の１つ「ランセット」にも、臨死体験のレポートが載《の》ったことがあった。２００１年、神経学者ピム・バン・ロメル医師がグループで調査したレポートである。内容は、臨床的に死んだ後に蘇生した患者の18パーセントは、数年後もその臨死体験を忘れていないというものであった。

英国オックスフォード大学の顧問《こもん》を務める神経精神病学者ピーター・フェニック博士と英国サウサンプトン大学の上級特別研究員サム・パーニア博士の2人は、「臨死体験」に関する研究を進めるために公益財団を創設。研究費の寄付を募《つの》っているとメディアで報道された。

このように、医師や研究者による「臨死体験」の研究は徐々にではあるが、着実に進んできている。もちろん、これ以外にも、数多くの研究、論文が存在している。研究は今後も、さらに続く。

「生命エネルギー」の存在を組み込んだ「新しい医学」への動き

日本の医学界でも、新たなる動きが出始めている。

エリザベス・キューブラー・ロスと同じように、臨死体験のケースを調査・研究し続けている京都大学大学院人間・環境学研究科のカール・ベッカー教授からの提案がそれである。

ベッカー教授のメディアを通した発言を見聞きすると、私同様、医学は「生命エネルギー」の存在を否定するのではなく、治療や研究にその存在を組み込んだ形で進めるべきだと主張なされているように思える。ベッカー教授は、「脳と非常に親和性があるが、意識（霊・生命エネルギー）は脳とは別の存在である。医学でもそれを前提に研究を行うべきではないか」と説いている。

科学は可能性を否定しない。それに、より現実に則した医療を行うことで、効果ある治療が見出せる可能性は高い。「新しい科学」ならぬ「新しい医学」のアプローチを、ベッカー教授は提唱されているのだと思う。

ベッカー教授だけではない。東京大学大学院医学系研究科救急医学分野教授で、東大附属病院で救急部・集中治療部部長の矢作直樹《やはぎなおき》氏も、２０１１年に『人は死なない――ある臨床医による摂理《せつり》と霊性をめぐる思索』を出版され、人にはなぜ良心があるのかという疑問から始まり、大きな摂理と霊魂は存在するのではないか、と論を進めている。このように、現役の医師も、死後の世界の可能性について述べている。

さらに、矢作直樹先生が、筑波大学名誉教授で遺伝子学では世界から評価されている村上和雄先生と対談した本『神（サムシング・グレート）と見えない世界』を読むと、お2人とも、現場の実体験や研究を通して、「体験的実在」として、魂の存在、神の存在、信仰と宗教などについて述べている。「今の科学では捉えることができないが、実際に起きていることを認めること」「生命の起源に存在する『神』のことや、『生き方』『死』について考えること」などに言及し、多くの研究者に対しても示唆《しさ》深い内容になっている。前作より一歩踏み込んだ形で、「新しい科学」の必要性を説いている。

このように、医学の中でも、新たなる動きが始まりつつあるのだ。

後の章で触れるが、私自身、物質の光学的分析を研究テーマの1つにしている。この分析方法を応用していけば、「生命エネルギー」を検知する術《すべ》があるはずだと強く確信している。それも含め、研究を進めている。さらに、検知だけではなく、「生命エネルギー」との通信・コミュニケーションということも視野に入れながらである。

人間がこの世に生まれる目的

肉体と生命エネルギーは一体であるが、死によって別の存在になる。であるならば、ＤＮＡ（遺伝子）とは何か。それは、種が親から引き継ぐもの、機能を含めた肉体の継承を意味するものにすぎない。

肉体には生存欲求が生じる。養分を摂取し、エネルギーに変えたり、成長したり、心臓を動かし、体温を維持したりしなければ、消滅するわけである。「肉体が栄養を必要としている」という信号は当然、脳に集約される。同時に、種を持続させるための生殖欲求も、肉体から脳に伝えられる。こういった肉体というハードウェアの設計図が、ＤＮＡではないだろうか。その中央処理装置が脳であり、いわばソフトウェアが「生命エネルギー」である、と私は考えている（注1）。

脳と生命エネルギーは密接につながっていて、時として、肉体からのセンサー情報を制御しきれずに欲求と闘うことも生じる。また、〝学習〟というアプリケーションを増やしながら同時に、そのソフトウェアの〝バージョンアップ〟も繰り返していく。もちろん、記憶容量も増やしながら、である。身体機能も、経年変化やトレーニングによってハードウェア自身の機能を変容させる。

こういった大きな「自然の摂理」の中に組み込まれた生命エネルギーは、それぞれの「使命」を認知し、切磋琢磨《せっさたくま》し、向上していく。もちろん、それを認識できずに、摂理に反する行動をする生命エネルギーも存在する。多くの宗教で、肉体の死後に〝審判《しんぱん》〟があることを示すとともに、その戒めも説いているは、そのためであろう。

しかし、誕生から現代までの人類の科学の歴史には、こういったことが刻まれていない。人類はどのような歩みで現在に至ったのか、生命エネルギーの存在を仮説の中に組み込んで検証することが必要なのではないだろうか。

私は学生の頃、すでに研究者の端くれとして宇宙推進の基礎開発に従事していた。当時は、科学分野を追求する者が「生命エネルギー」について疑問を持っている、など話すべきではないと変な自制が働いていた。まして動物にも魂が存在するなら、その動物の死後、魂や霊、つまり、生命エネルギーはどうなるのかなど、人に言えるはずがなかった。

科学ということに対して、そんな枷《かせ》をかけていた。その疑問に答えてくれたのが、当時、一緒に物理学を学び、研究をしていた友人だった。その当時を振り返ると、こんな内容を友人は私に語ってくれたと記憶している。

「２つの相反する意識が作用すると、それを統合する上位の意識が接近してきて、両者を矛盾なく統合する。これを弁証法《べんしょうほう》と言うが、宇宙はこの原理に基づいてできていると思われる。例えば、人間がこの世に生まれる目的は、この意識の進化にほかならない。宗教の世界ではこのことを『魂の進化』と言っている。我々一人ひとりは宇宙の意識の一部が何らかの形で個性化したものにほかならず、すべてのものは、宇宙に遍満する意識から成り立っていると考えるべきである。上位の意識を宗教では『神』と呼んでいるが、両者は本質的に同じものと考えてよい。上位の意識から弁証法的統合の流れを見た場合には、上位の意識が分化・発展していくという西田哲学と同じ見方となる。このように、宇宙の意識というのは極めて哲学的で論理的な性質を持っていることから、数学で表現することができるはずで、つまり科学になると思う」というようなことを、会うたびに講義してくれた。西田幾多郎《きたろう》の『善の研究』をテキストにして、宗教として扱われていた対象の奥にある科学的側面と神秘性を、私は友人から教えてもらった。

このことが、私が「大宇宙」を探求することになったきっかけである。

我々が今存在している宇宙は、大宇宙の一部であり、神は、何らかの目的を持って、ここに個性化された意識に対して共通の拘束《こうそく》条件を課している。つまり、時間や空間、寿命、肉体などを共通化するという条件を課すことによって、個性化された意識を進化させて、文明実験をしているように見えてならない。

私自身、彼の言葉に納得した。そして今では、ダイナミックな進化を目的として我々に与えられた魂修行の場が地球だと言えると思っている（注2）。

カントも注目した18世紀の大科学者スウェーデンボルグ

肉体とは別に「生命エネルギー」が存在する可能性については、本章のはじめ、

「臨死体験」のところで触れた。ここでは、さらに「生命エネルギー」と「人」とのコミュニケーションの可能性を考えてみたい。

その前に、実際に存在するということで〝実在する〟という言葉をよく使うが、〝実在〟とはどんなことなのかを考えてから、先に進みたい。

人が最初に〝実在〟を認識するのが、「素朴実在論」。個人の感覚で感じる〝外的対象〟に対する、第1段階の認識である。例えば、花を見て、「好きな花だ」と、感情などの意識と呼応するから、花は花として存在しているというもの。

次に、個人の経験や知識、意識との照合が行われる。それが何かを悟り、知ろうとするのだ。この中には「錯覚《さっかく》」が含まれてしまうこともある。しかし、個人差もあるが、「自らが感じたこと」と、「過去に体験したこと、知識として取得したこと」とに乖離《かいり》があればあるほど、本人は「実在か否か」「錯覚か幻聴《げんちょう》ではないか」を真剣に意識の中で確認する。まして科学を志《こころざ》す研究者なら、自身の身の回りで起きた事象を〝実在〟かどうかを慎重に確認するものだ。

これから記述するのは、そういった科学者の1人でもあるスウェーデンボルグの

「体験的実在」である。

話は少し昔に遡《さかのぼ》る。事件は1759年7月19日に起きた。ストックホルムから約500キロ離れた町で、友人が開いた夕食会に出席していたエマヌエル・スウェーデンボルグが席上、突然《とつぜん》、発言した。

「今ストックホルムで大火が起きている」。そして、たまたま同席していた友人に、「あなたの家は燃えてしまった」などと告げ始めたのである。技術者、科学者として功績のあった彼の突飛な行動に、周囲が騒然《そうぜん》としたことは想像に難くない。

その2日後、ストックホルムから大火の顚末《てんまつ》を知らせる特使がやってきた。その火事は本当に起きていた。詳細までがスウェーデンボルグの言ったことと一致していた。それが改めて確認された。これは当時、大きな話題になったという。

ほかにも、本来、亡くなった人しか知らないことを霊界で聞き、それを遺族に伝えた。そんなエピソードがスウェーデンボルグには複数あると記されている。彼は、亡くなった人の霊、つまり「生命エネルギー」と交信できていたのだろうか。また、それはどんなやり取りだったのだろうか。

そもそもスウェーデンボルグは、１６８８年にスウェーデンのストックホルムで生まれ、ウプサラ大学に学んで、王立鉱山局に鉱山技師として30年間籍を置いていた。その学者としての才能を請《こ》われ、複数の大学から教授職としての招聘《しょうへい》が再三あった。しかし、鉱山技師は自分の天職だと考えていたために、それを断り続けたと伝えられている。

しかし、鉱山技師としての仕事と研究のほかに、探究心が赴《おもむ》くまま、複数の科学分野でも成果を挙げていった。その科学的な業績は著書の形で残っている。だが、その著書が広く知られるようになったのは20世紀になってからだった。

スウェーデンボルグは、50代頃から、大脳生理学の先駆的研究から心理学研究を経て神学の研究に没頭するようになり、独自の宗教観に基づく神学書を多数著《あらわ》した。これが話題を呼び、多方面に影響を与えることとなった。しかし、キリスト教の正統な教義とは齟齬《そご》が生じたりもし、宗教的な迫害に遭《あ》って、１７７１年にはイギリスに逃れ、翌年ロンドンで亡くなった。

スウェーデンボルグがいかに科学者としての能力が高く、さまざまなジャンルに造《ぞう》詣《けい》が深かったか、その例を挙げる。中心的な専門分野であった鉱山学では、彼の著書が当時の基準書として用いられていた。また、結晶学の草創期にも貢献した。この分野以外に、以下の先駆的業績が4つある。

まず、飛行機の発明者の1人だとも言われている。現在の飛行機に通じる合理的な概念図を残していることが、再評価されている。

宇宙論では、太陽系の起源についてのアイディアを図解入りで提示した。その著作が出版されて20年以上経ってから、ドイツの哲学者カントが、スウェーデンボルグの説とよく似た説を発表した。この説は、さらにその後、フランスの数学者ラプラスが手を加えて、星雲から太陽と惑星とが同時に生まれたとする「カント-ラプラスの星雲説」として歴史に残っている。これも有名な話である。

さらに、大脳皮質の機能局在論も、スウェーデンボルグが飛びぬけて早く提唱していた。実際に大脳生理学が「大脳皮質の場所ごとに機能が局在し、言語野や運動野などがある」と論じるようになったのは、100年遅れの19世紀半ば以降の話である。

そして、異常心理や夢の分析、聖書・神話の心理学的分析においても、ユングやフロイトに先駆ける仕事を残した。特にユングはスウェーデンボルグの著書の愛読者だったという。

スウェーデンボルグの科学的業績は、１７３４年に出版された『哲学・冶金《やきん》学論文集』（全３巻）という著作にほぼ集中して掲載されている。第１巻は『自然事象の第一原理――根源的世界を哲学的に解明する新たな試み』（『原理論』と通称される）であり、前述した宇宙論のほか、現代の素粒子物理学を予言するかのような内容を含んでいる。第２巻と第３巻は金属工学に関する書籍である。

スウェーデンボルグは、数学、工学、鉱物学に始まり、『原理論』にまとめたような原子論、天文学、宇宙論を研究し、さらに動物学、解剖学、生物学とライフサイエンス分野にも入っていった。そして、心理学を経て聖書学、神学へと研究を進めていった。彼は頑《かたく》なに鉱山技師としての仕事にこだわっていたため、業績は目立たず、過小評価されてきたと言われている。だが、私はその著書に触れ、まぎれもなく正統的でかつ天才的な科学者だと思った。

ところが、カントはこうした話やスウェーデンボルグの著作を調べて、１７６６年に『視霊者《しれいしゃ》の夢』を発表した。ここでもカントは〝不可知〟の立場を取った。だが、その後の1785年に出版された『道徳形而上学原論《けいじじょうがくげんろん》』では、道徳律の起源はカント自身の理性批判的立場の外にあることを告白している。つまり、気持ちとしては霊界を認めてはいたものの、審美《しんび》的な学問的完結性を重視するあまり、その領域にはあえて踏み込まなかったということだと思う。

スウェーデンボルグの著作を読む限り、彼は研究者としての視点で、自らの体験を仮説検証していた。物質的証明や再現がはなはだ困難な事象であっただけだと、私は判断している。

いずれにせよ、どのような評価が下されても、その精神現象が起きていることは否定しがたい事実である。「それでも、地球ならぬ、『生命エネルギー』は動く」ということだ。スウェーデンボルグに対する「生命エネルギー」の働きかけは十分あったと推測できる。すなわち「体験的実在」がそこにあるということになる。

さらに、スウェーデンボルグの場合、遠方のストックホルムの大火を透視した現実がある。スウェーデンボルグの一連の「体験的実在」が否定しがたい〝事実〟であることは、その大量の著作と、死後に発表された日記からも明らかである。

霊的存在との交流を科学的に分析

そのスウェーデンボルグに霊的な目覚めが訪れたのは、50代半ばだった。それまで精力を傾けてきた科学書の代わりに、晩年は、独自の宗教観に基づいた神学書を精力的に発表するようになっていった。60代以降、彼は亡くなる直前までの20数年にわたって約30冊の神学書を残している。ただ、そのために、異端の批判をしばしば受けたという。

最初は霊的な夢を見る程度だったらしいが、やがて、はっきりとした霊的体験をするようになる。日記に記されていた記述によれば、もともとスウェーデンボルグ自身は、天使などの霊的存在、つまり「生命エネルギー」と人間との交流に対して、科学者として疑念さえ抱いていた。

だが、その彼に霊的存在が話しかけてくるようになり、彼自身が生命エネルギーと交信するようになったのである。初期はそのことに科学者としてどう対応してよいか分からず悩んだとも言われている。

彼の多数の神学的著作は、そうした霊的体験を踏まえて、霊界と自然界との対応関係や、人間の存在意義について書かれたものだった。スウェーデンボルグは、それらを想像で書いているのではないと公言していた。当時の人々は科学者の転身に驚き、宗教的に異端であると批判する人もいれば、理解に苦しみ、彼の精神が病んでいると思う人も少なくなかったという。

スウェーデンボルグの霊能力については、いくつもの逸話が残されている。その中でも前述の「ストックホルム大火事件」と呼ばれるエピソードでは、その場に居合わせた多数の証言者がおり、話題が話題を呼び、評判になった。逸話は国境を越えて広がっていった。同時代を生きたカントが、非常に興味を持ったことでも有名である。

彼の神学書は多いが、それよりも死後発見された日記のほうが、生命エネルギーとの交流に関しての資料としては価値が高い。日記は個人的なメモであり、整理されていない部分もある。だが、より「体験的実在」が如実《にょじつ》に残されていた。

日記は、彼が霊界と交流し始めてから20年近くにわたって記されていた。それは、彼の死後、『霊界日記』として出版された。

その日記は個人的なメモとして綴《つづ》られている。しかし、内容は、科学者としての観察力、分析力がはっきり現れている。彼は明らかに霊界を１つの科学的対象として、その法則や構造を研究していた。それが４次元時空の物質的な実在ではないことを、彼自身はもちろん理解していた。

しかし、確かな経験として存在することは疑いようがない。彼は自分に起きた「体験的実在」を冷静に観察し、霊界の法則を見出すためにメモを取っていたのである。だから、その記述には、誇張や余計な比喩《ひゆ》やレトリックが省かれている。ゆえに、アルゼンチンの作家ホルへ・ルイス・ボルへスは、『霊界日記』を「見知らぬ土地を旅し、その様子を冷静な態度で綿密に描き出していく旅行者の記録」と評したそうだ。

スウェーデンボルグの特徴として、夢という主観が混在するような現象に対しても、常に理性的に判断し、鋭い洞察力で結論を出す、という論法が私には印象的であり、そこに書かれていた霊的現象は信じられると、私は思った。

では、スウェーデンボルグは、その「体験的実在」をどのように記述し、分析したのか。

例を挙げると、こうだ。スウェーデンボルグは何度かの体験で自分の顔の右斜め前方から話しかけてくる「生命エネルギー」と、左斜め前方から話しかけてくる「生命エネルギー」に差異があることに気付いた。右が善良で、左が邪悪。問答を繰り返すことで認識できてきたという。このように、スウェーデンボルグに話しかけてくる「生命エネルギー」が善良であるか、邪悪であるかには、はっきりとした法則が見出されている。きっと幾度も実験した上での結論だと思われる。

また、天界については、そこの太陽は上ったり沈んだりすることがなく、日付がない。ゆえに、幼い頃に死んで天界へ入ってきた者たちは、時間が何であるかを知らない。このように分析しながら記録をつけていた。

この記述の後に、スウェーデンボルグは、さらに天使たちに取材をして、天使たちは物質的な観念が消滅し、それに代わって、自分たちの状態の変化と多様性に関連した観念が生まれていることを突き止めている。そして、天使たちは物質的な観念から遠ざかるのに比例して成長すると結論付けた。

さらに、「神的な無限のものが、空間や時間に属することはない。ゆえに、宇宙の果てにいる者が一瞬にして目の前に現れることもできる。天使は空間が何かということを知らない」とも記している。だから、天使は、私たちのように時空に制約を受けず、「神」の意志によってどの時空にでも一瞬で移動することができるのだという。

スウェーデンボルグの『霊界日記』の記述には、はっきりと、実験や調査を進めていく科学者の視点が貫かれていた。研究者の端くれとして、私はそう理解している。こうした「体験的実在」を調査したデータを収集し、分析を重ねることで、〝法則〟が見えてくるようになる。

科学は可能性を否定するものではない。「体験的実在」は、科学者スウェーデンボルグに起きた「事実」なのである。また、彼だけではなく周囲の多くの人たちも、霊的存在、生命エネルギーと、スウェーデンボルグとの交信によって助言を得たりもしていた。

もちろん、現時点でも、霊的存在、生命エネルギーの存在が、科学的に解明されたわけではない。しかし、臨死体験等によって、その存在が少しずつ明らかになってきていることも事実だ。解明への努力を続ければ、いつか必ず科学的に実証される日が来ると信じている。

例えば、今では、走査《そうさ》型電子顕微鏡を使えば、原子や分子を直接見ることができるが、100年前までは、原子や分子という概念も科学的仮説であった。19世紀に、科学の世界で、原子や分子の存在が明らかにされた。当初、この存在を当時の人の知覚では捉えられなかったが、再現実験や反証《はんしょう》受け入れなど、科学のルールに従うことによって、客観的な実在とみなされるようになったのである。

スウェーデンボルグがどのような条件で生命エネルギーとコンタクトできたのか、残した記録からは明らかではない。むしろ、本人というより、生命エネルギーからコンタクトしてきたようにも受け取れる。科学的「再現性」という点では、現状では追試を試みることは難しい。しかし、現代でも、スウェーデンボルグの体験と同じような類例は少なくない。数多くの例が、それも人類史の中で否定されずに脈々と引き継がれてきている。その実態が示している意味は大きい。

私の友人から聞いた、驚くべき体験的事実

実は私も、私の信頼すべき友人から、スウェーデンボルグと同じような体験をしたという「体験的事実」を聞かされたことがある。私自身、その話の内容には驚きを感じた。しかし、決して否定はしない。むしろ、そういったこともある、と冷静に受け止めている。たとえ、それが地球外生命体の話であっても。

私同様に、研究者でもあり、エンジニアとしても自ら会社を経営されているＨ氏。その技術開発力は周囲からも高く評価されている。特段変わったところがあるわけではなく、熱心な研究者である。

そのＨ氏が思い出した「体験」を要約するとこうだ。

「僕とほかの３人は１つの宇宙船に乗っていました。地球に偉大な神が宿っているのは分かっていたので、それで地球に向かって飛行してきたんです。宇宙から見る地球は青くきれいで、近づくにつれて、雲や陸地なども判別できるようになってきまし

た。僕たちは、このきれいな星に宿る神の存在をもっと感じたいと思い、4名全員、誰も反対することなく、船のシールドを切って神を感じようとしたんです。大気圏に突入したにも関わらずシールドを切ったので、船はすぐに壊れてしまいました」

シールドなしの宇宙船は、隕石と同様、大気との摩擦《まさつ》熱の影響を直接受ける。高温になり、船体は熱によって砕け散ってしまう。当然、船に乗っていた4体の生命体も消滅せざるを得ない。現実的に考えれば、この体験を記憶していたのはH氏の魂、つまり「生命エネルギー」ということになる。

「さらに僕はどんどん地上に降りていきました。すると、魂が入っていない赤ん坊がいたんです。その赤ちゃんは息をしておらず、お産婆《さんば》さんが赤ちゃんのお尻を叩いていました。それでも赤ちゃんは息をしないので、『あきらめてくれ』とお産婆さんが話し、周囲は重苦しく、沈うつな雰囲気になっていました。赤ちゃんには魂が入っていなかったのです。そこで、僕はその体にウォークイン※しようと考えました。その瞬間、真っ暗になったと思ったら、光が差し込んできました。ピントが合わずボヤーとしていたところ、気がつくと、赤ちゃんの中に入ったことが分かったんです」

※ 他の人の肉体を乗っ取り、魂として支配すること。

これはH氏の「体験的実在」である。以来、彼は宇宙人としての記憶を忘れ、普通の地球人として、50年以上、その肉体とともに歩んでいる。

彼は宇宙開発の実績を持った技術関係者である。確信のない、少しでもあやふやな話であれば、内容が内容なだけに彼自身の評価を下げることになる。また、私のような研究者に対して話をするということは、いろいろと質問されることも分かった上でのことである。それでの発言だった。彼は〝ウルミ星〟という太陽系外の惑星からやって来たそうだ。

H氏が地球に着いた日、それは彼の誕生日と重なる。その日は珍しく夕張でオーロラが見えたという新聞記事が残っている。私には、宇宙船が爆発してプラズマ化した時の発光現象だと思えないこともない。読者の方にとっては、にわかに信じがたいことだと思う。だが、私はH氏の記憶を疑っていない。

この「臨死体験」の章では、肉体の終焉《しゅうえん》に際して、「生命エネルギー」がどういう行動を起こすか、ご理解いただけたと思う。また、スウェーデンボルグの例では、霊的存在、生命エネルギーと人との交信が「体験的実在」として存在することも分かっていただけたと思う。

Ｈ氏の場合は、生命エネルギーが肉体とどう結びつくのか、という１つの例だと言える。ただ、そこには別の問題があった。Ｈ氏が、現在のＨ氏となって存在する以前は〝異星人〟だったということだ。そう考えると、人類の中には、ほかにも〝地球外生命体〟の生命エネルギーが宿っている人がいる可能性がある。

さらに、Ｈ氏は私たちに別のことも語った。その時のＨ氏はいつもより真摯《しんし》な態度で話を進めた。内容は異星人とのコンタクトについてであった。かいつまんでまとめると、こうだ。

「異星人は、テレパシー通信ができる精神的体質の人間を介して、交信を試みています。僕は子供の頃から１つずつ異星人と共通の言葉をつくってきました。十数年かけて、彼らの言いたいこと、概念が少しずつ分かるようになってきました。

異星人の発想は僕たち人類とは異なっています。僕の使命は、人生後半で出会うことになっているある人物に、異星人が持っている科学に関する情報を伝えること。これが役割なんです。30年以上前に、異星人からその人物に出会う場面のイメージまで教えてもらっています。ガラスのドームのような通路を通って、その人の部屋に入っていくのだ、と。

その伝えるべき内容は、電子の性質についてです。地球人はこれを捉えきれていません。スペースワープ技術では、電子が鍵になるのです。

また、異星人がさまざまな星を訪れる目的は、その星を統治している高度な霊的意識（高級霊や神という存在）を探すことにあり、地球には、高度な神霊が宿っています。地球は宇宙の『聖地』とも言えます。だから、僕たち（＝異星人）は地球に巡礼に来ているのです」

不幸にして、地球外生命体であった時のH氏の宇宙船は墜落してしまった。だが、地球人の中に入り、現在のH氏となっている。年齢はすでに50歳を超えていらっしゃる。

はたして異星人とは、どんな存在なのであろうか。そして、どこから、どうやって来るのであろうか。いろいろと教えてもらいたいことがある。

（注1）大川隆法著『新・心の探究』には、「脳というのは結局、心との連絡作用であり、連絡回路だからです。いわば、これはコンピューターでいう回路なんです。コンピューターのような機械なんです」（125ページ）とある。

（注2）大川隆法著『太陽の法』には、「地上界というのは、ひとつの修行の場なのです」（191ページ）とあり、地球霊団は「よりダイナミックに進化ということに重点」（53ページ）を置いて創設されたことが述べられている。

5

広大な宇宙と現代科学の限界

生命が住める星は無数に存在する

水と緑に恵まれた私たちの地球は、太陽の周りを周回する小さな惑星の1つである。地球上の生命が活動できるのは、大気と気候、水、その環境を生み出す源、太陽というかけがえのない存在があるからである。この生命活動を支える太陽同様の恒星が、天の川銀河の中に約2000億〜4000億はあるというのだ。それは、とりもなおさず、生命の存在が可能であることを意味する。つまり、天の川銀河だけでも、恒星と惑星の関係、大気と水と温度という条件が整い、生命が生息できる環境が数多くあるのだ。

さらに、観測精度の向上で分かってきたことだが、天の川銀河には、太陽より小型な恒星、ミニ太陽（赤色矮星《わいせい》）が約1600億あると推定されている。特に、このミニ太陽は、その大きさ同様に核融合の原料となる水素の量が少なく、温度も太陽ほど高くない。そして、安定して穏やかな活動を続け、寿命も極めて長いと言われている。

星々の中には、もちろん、スーパーフレアと呼ばれる巨大な爆発現象を起こし、生命に悪影響を与えるエックス線や電磁波を撒き散らす〝やんちゃな〟恒星もある。しかし、すべてが〝やんちゃな〟恒星というわけではない。

穏やかなミニ太陽のほうが多い。その周囲には惑星も数多く存在している。その中には、表面温度が保たれ、水が凍ったり、蒸発したりせずに液体で維持される「生命居住可能領域」（ハビタブルゾーン）に位置する惑星も、無数にあると推測されている。最近ＮＡＳＡ（アメリカ航空宇宙局）の宇宙望遠鏡ケプラーがその存在を確認した、地球から６００光年先の惑星「ケプラー22ｂ」などもその１つだ。

もちろん、直径が、太陽の数十倍以上の青色超巨星や、太陽の数百倍以上もある赤色超巨星も、天の川銀河には存在しており、それらもハビタブルゾーン内に数多くの惑星を抱えている。

それだけではない。互いの星が引力で引き合いながら軌道を描いている「連星」。双子や三つ子、四つ子の恒星には、以前は、惑星が存在しないとさえ考えられていた。ところが最近、この説が崩れた。ケプラー宇宙望遠鏡で、地球から白鳥座方向

4900光年先に連星「ケプラー47」が発見された。そこには2つの惑星があり、そのうちの1つ、地球の4・6倍の大きさの惑星はハビタブルゾーン内に位置する。そこには水が存在する可能性が高いことまで分かってきたのだ。

恒星は、誕生の時、その半分以上が、そして成熟した時点でも4分の1くらいが、連星系をなしていると言われる。恒星の連星に惑星が存在しているということは、生命体の存在可能性が確率的にさらに高くなることを意味する。

異星人の存在は、もはや否定しがたい事実

アポロ11号で月面着陸したエドウィン・オルドリンさんも、UFOとの遭遇をテレビ番組で自らの体験として語っていた。ほかにも、旧ソ連の宇宙飛行士や民間の航空機のパイロットも、UFOとの遭遇を明らかにしている。

UFOの形で〝アダムスキー型〟と称されるものがあるのはご存じだと思う。下部に半球状の球体が複数付き、上部は操縦・居住区と思われるお釜型の空飛ぶ円盤であ

る。その名前が一般に知られるようになったのは1950年代初期からだ。ポーランド系アメリカ人のジョージ・アダムスキーが、自分は異星人と会見した〝コンタクティ〟であると名乗り出て、写真を公開してからである。彼は1953年に、その1年前の体験をまとめた『空飛ぶ円盤実見記』という本を出版し、その本はベストセラーにもなった。その後、各地で講演活動もし、異星人とUFOの存在が世界に知られるようになった。同時に〝アダムスキー型〟UFOも、世界各地で目撃されるようになった。

彼自身、毀誉褒貶《きよほうへん》の激しい人物で、異星人と遭遇した際に、一緒にいたとされる仲間の1人が〝ヤラセ〟だったことを匂わせたりもした。メディアでの評価も割れている。「UFOに同乗し、宇宙から見た地球は白く輝いていた」などの彼の記憶に関しては、私も疑わしい部分があると思っている。ただ、彼が撮影したUFOの8ミリ映像をコダック社の研究者が鑑定し、実際に撮影した映像で8メートル程度の物体であると認定したことに関しては、否定しがたい事実であると確信している。

例はよくないが、異星人による誘拐、いわゆる〝アブダクション〟の報告は、近年、いくつか話題になっている。その体験者の話には真実だとは言いがたい側面もあるが、私自身すべてを否定する気はない。退行催眠などでも明らかになっているように、事実も含まれている。〝アブダクション〟自体起こりうることだと思っている。もはや異星人の存在は否定しがたい事実として、その存在を認識すべき時が来ていると言えるのではないだろうか。

私は、子供の頃、地球外の生命体、それも高度な文明を持つ異星人に、宇宙のことや宇宙空間の移動方法などを教えてもらいたいと思っていた。アダムスキーの書籍は子供の頃に読んだが、彼が会った宇宙の指導者は、悟りの高い宗教家のような方だったことと、その指導者の周りのスタッフ（研究員のような人々）は、知的で愛に溢《あふ》れていたことが心に強く残った。彼らは、金星や火星が出身だと話していたが、それはどうも地球人に対する比喩《ひゆ》だったようで、本当は「金星と縁《えん》のある人類」または「金星にベースキャンプを設けている」という意味だったと思われる（私も子供ながらに「金星の大気が90気圧で温暖化のために気温４６０度、火星の大気は１００分の１気圧」ということは基礎知識として知ってはいたので、当時は不思議に思っていた）。

スペース・ブラザースとの交流、もしくは交易については、今もその夢を抱き続けている。

確かに、出会う異星人が、人類にとって友好的か敵対的かは未知数である。ただ、人類にも、理性と英知がある。高度な文明を築いた種族にも、それがあるはずである。そういった異星人とコンタクトしたいという思いは昔よりも強くなってきている。

ロケット推進では50光年先の宇宙に行くのが限界

さて、私たち人類は、地球以外のハビタブルゾーン内にある惑星の探査に行けるのだろうか。それは、いつ頃になるのだろうか。ここで、今の私たち地球の科学が開発している先端ロケット技術について説明することにする。

現在のロケットは、打ち上げから最初の５分間で秒速８キロメートルまで加速し、大気圏外に向かう。ジェット旅客機が秒速３００メートル程度なので、いかにロケットが速いかが想像できるだろう。しかし、その推進力となるジェット噴射は、非常に燃料を消費する。なんと打ち上げ時の総重量の95パーセントが燃料。決してエコとは言えないのが現状である。そのすべてを一気に使い尽くし、残りの5パーセント分の人工衛星や探査機などを宇宙に送り出している。現状の燃焼方式で大きな質量のものを打ち上げるには限界がある。しかも、宇宙空間を長距離飛行するためには、その分だけ衛星燃料を多量に積載《せきさい》させる必要がある。それには打ち上げロケットをさらに巨大化させるしかない。ジレンマなのだ。

飛行対象となる天の川銀河内の星でさえ、想像を絶するほど遠くにある。その距離がどれくらいなのかを見てみよう。

地球の直径は1万2756キロメートル。地球と太陽の距離は、およそ1・5億キロメートル。太陽から海王星までが約45億キロメートルで、およそ30倍の距離。1秒間で地球を7・5周する光速でも、ほぼ4時間強かかる距離となる。太陽系には、この海王星の外側にも、2006年まで惑星と認知されていた冥王星や、2003年に発見された準惑星エリスをはじめ、氷の塊や岩石、ガスなどの太陽系外縁天体が存在している。太陽系だけでも、これだけのスケールである。

太陽系に一番近い恒星ケンタウルス座アルファ星までの距離は、およそ４・４光年。秒速30万キロメートルの光が１年かけて進む距離が約９・４６兆キロメートルなので、その４・４倍の約41・６兆キロメートルになる。秒速８キロメートルの今のロケットが大気圏外で加速したとしても、移動距離が長すぎる。今の技術のロケットではとうてい到達できないことがご理解いただけると思う。

さらに天の川銀河。私たちの銀河は楕円ではなく、棒渦巻《ぼううずまき》銀河だと言われているが、その長径はおおよそ10万光年、厚さは中心部で１・５万光年だと推測されている。光速ロケットでも１つの銀河を自由に行き来するのは不可能である。宇宙にはこのような銀河が１０００億個はあると考えられている。

しかも、宇宙は誕生以来、加速膨張《ぼうちょう》しているという。ビッグバン説では、すでに１３８億年間膨《ふく》らみ続けていることになる。空間の膨張なので、拡大するスピードという概念は相応しいとは言えないが、地球とは逆の方向に拡大し続ける宇宙の周辺先端のスピードは、当然、光より速いとされる。第１章で触れた宇宙誕生の瞬間の「インフレーション」の時も、空間は光速より速く拡大し、その後、粒子が質量を持ち、減速膨張して光速度となった。そして、誕生から70億年後から、ダークエネルギーによる「空間を広げようとする斥力《せきりょく》」で全体がさらに膨張している。現在の物理学では、そう考えられている。

では、そうした宇宙に対して人類はどれほどの実力を持って対応しているのか。今の科学で想定できる最新ロケットの概要を説明させていただく。

近未来のロケットへの搭載《とうさい》が期待される「反物質推進装置」

宇宙を探査する上で、今の科学で可能であろう近未来の推進装置は、私が学生の頃から研究している「反物質推進装置」だと思う。

クォークなどの素粒子、素粒子から構成される陽子や中性子、陽子などから構成される原子、原子から構成される分子……、あらゆる物質には、それに対応する「反物質」が存在している。その特徴は「電荷が反対符号《ふごう》であること」「質量などの基本的性質が同じであること」、そして、「物質と反物質が接触すると消滅し、非常に大きなエネルギーを放出すること」である。

その反物質と物質が接触する際の爆発による大きなエネルギーを効率的に推進力に活用するのが、「反物質推進装置」である。

反粒子は、通常の粒子を相対論的量子力学で記述した時、時間を反転すると出てくる〝時間を逆行する粒子〟である。そして、粒子と反粒子が出合うと、量子数が正と負で打ち消し合ってゼロになり、真空と同じ状態になって、両者が持っていたエネルギーだけが残る現象が起きる（対《つい》消滅）。

それは、どのくらいのエネルギーになるのか。アインシュタインは、特殊相対性理論の帰結として、$E=mc^2$という方程式を提示した。これにより、物質の持つエネルギーは、その質量に光の速度の2乗をかけたものに等しい、つまり、「質量の消失はエネルギーの発生であり、エネルギーの発生は質量の消失である」という関係で、エネルギーと質量は等価であることが分かっている。そうすると、粒子と反粒子は同じ質量を持っているので、対消滅では$2mc^2$のエネルギーが放出されることになる。

といっても、イメージできないと思う。このエネルギーはどれほどなのか、分かりやすく比較するとこうなる。

従来の燃焼式ロケットの推進力のエネルギーを１とすると、原子力エネルギーが１０００万倍で、核融合エネルギーが３０００万倍、反物質エネルギーが１００億倍となる。燃焼式のロケットエンジンに比べ、非常に大きなエネルギーを出すことが理解してもらえると思う。

理論上では、「反物質推進装置」は、ビームコア型ロケットとして、すでにＮＡＳＡではイメージまでできている。

今の科学でも反物質はつくれる。スイスのＣＥＲＮ《セルン》やアメリカのフェルミ研究所で、水素の反物質（反水素）がつくれることは実証されている。ただ、現状では非常にコストがかかってしまう。しかも、反物質は保管が難しいのだ。正物質と接触した時点で対消滅を起こしてしまう。その爆発エネルギーは半端ではない。安全性を確保するため、レーザー冷却など、特殊な保存手法が必要となる。そういった意味では、実用化にはまだ課題は残っていると言える。

では、それをどうやって推進装置にするかと言えば、まず反物質を特殊なレーザー冷却を使って、壁に触れさせずに貯蔵しておく。推進に必要な反水素を磁場で誘導し、反応室で水素と反応させる。その際の「対消滅」による爆発のエネルギーをノズルから噴射するということになる。燃料としては原子単位で使用するので、非常に少量で済む。すでに理論上ではでき上がっている。コンパクトで強い推進力を持つ装置である。

少し専門的だが、エネルギーロスは、ガンマ線損失が40パーセント、ニュートリノ損失が10パーセント、パイ中間子損失が5パーセント、ノズル損失が5パーセント。エネルギーの推進効率が40パーセントという非常に高効率な推進装置でもある。これによって超長距離の飛行を可能にさせることができるわけだ。

推進力ということでは、直接、対消滅のエネルギーを推進力にする形式とは別に、固体コア型ロケットも想定できる。対消滅をいったんタングステンのボック

筆者が学生時代につくったレーザー冷却実験装置

スの中で起こす。発生する光子（ガンマ線）は、その熱交換器の中ですべて吸収されるので、そこに水素燃料を噴射すると、効率よく加熱させることができる。それをノズルから噴射する方式だ。これだと、噴射ジェットの速度は秒速9キロメートル、加速度1～10Gとなる。

燃料となる反物質は、太陽系外周まで飛ぶには100グラム、有人火星探査の予測燃料は0・1グラムととてもわずかで済む。

だが、秒速30万キロメートルの光速に比べれば、はるかに遅い。燃費はよいが、宇宙を航行するには、いかんせん時間がかかってしまう。この効率よい反物質推進装置を使用しても50光年の距離を飛行するのが限界で、とうてい隣の銀河までは行けない。天の川銀河の太陽系以外の惑星までの距離にしても半端ではない。

時間と空間は伸び縮みする

超高速ロケットには、もう1つ、課題がある。

ロケットの飛行速度を加速していき超高速になると、私たちの日常とは異なる〝奇妙な現象〟が起きる。ロケット内部の時間は、地球の時間に比較してゆっくり進むのである。当然、地球の時間はそのままなので、ギャップが生じる。

仮定の話だが、兄が宇宙飛行士になった双子の兄弟の場合、こんな事態になる。地球から10光年先の惑星に有人探査を行ったとする。兄が乗ったロケットは亜光速で航行し、往復にはロケット時間で30年ちょっとかかる。ところが、ロケットに乗った兄の宇宙飛行士は、地球時間では40年で帰還することになる。10年の差が生じてしまう。出発当時30歳の兄のパイロットは60歳で帰還したが、地球にいる弟は70歳になっていた。双子なのに兄弟の年齢に差が生じてしまったのだ。こういった現実が起きる。まさに浦島太郎が亀に乗って浜に戻り、竜宮城でもらった玉手箱を開ける前の状態に陥ることになる。

なぜ、そんなことが起きてしまうのか。

その答えは、アインシュタインの出した「双子のパラドックス」の考え方の中にあった。パラドックスには「逆説」という意味もあるが、ここでは、「正しそうな前提と、妥当に見える推論から、受け入れがたい結論が出てくること」を指している。

双子のパラドックスは、もともと、１９０５年にアインシュタインが「時計のパラドックス」として提案したものだが、その後、フランスの物理学者ポール・ランジュバンが「双子」を題材にこのパラドックスを紐解いたので、この名前が定着した。

では、双子のパラドックスとはどういうことか。

まず時間について知ってほしい。

当たり前のことだが、1分は60秒、60分で1時間、24時間で1日、これは世界共通だ。ところが、1秒の長さは、測る状態によって変化する。つまり、同じ1秒でも、少し長い1秒になることがあるのだ。アインシュタインは、特殊相対性理論の基になった論文「動いている物体の電気力学」の中で、次のように明らかにした。

同じ時刻を刻む2つの時計が同じA点に置かれている時、そのうちの1つを、A点を通る任意の、円周のように両端が閉じた閉曲線に沿って一定の速さvで動かし、t秒後に再びA点に戻す。すると、この時計は、動かさなかった時計より$t(v/c)^2/2$秒（c＝光速度）だけ遅れている、と。

次に、時空という概念について説明する。静止している系と、等速度Vで運動する系との２つの系があるとする。すると、静止している人から、等速度Vで動いている物体を見ると、前述したように、少しだけゆっくりと時間が進むことになる。そのため、等速度Vで運動する系の物体の長さは、$\sqrt{1-(V/c)^2}$ だけ、縮んで見えるのである（ローレンツ収縮）。運動することによって短縮したのではない。あくまでも観測者による見え方の違いでしかないのだ。

ニュートン力学の世界観では、静止している系も、運動している系も、〝時間は共通〟であったが、光速度不変を宇宙の原理とするならば、時間と空間が独立で一定であるという「先入観」が崩れるのである。

例えば、次のような奇妙なことが起きる。地上に多数飛来する宇宙線が上空の大気と衝突することによって、ミュー粒子という素粒子が発生する。その寿命は２マイクロ秒。６００メートル移動したところで寿命が尽きることになる。しかし、実際には地上まで到達していることが観測されている。ミュー粒子は光速に近いスピードで飛んでいるので、地球にいる私たちから見ると、ミュー粒子の時間はゆっくり進み、寿命が200倍に延びたことになる。一方、ミュー粒子にとっては決して寿命が長くなったのではなく、大気圏上層部と地上との距離が縮んだので、到達できたということになる。

これは、光の速度が特別な意味を持っているということでもある。この発見によって、「時間と空間を独立のものとしては扱ってはいけない」ということが発見された。つまり、「時空」という新しい概念が発見されたのである。この発見が特殊相対性理論である。

そして、「双子のパラドックス」。

光速度に近いロケットで遠い天体まで行き、再び戻ってきた兄と地球にいた弟が再会した時、兄の立場から見ると、弟（地球）が遠ざかって、その後、近寄ってきたわけで、弟はより若くなるはず。ところが、逆に弟から見れば、兄が動いていることになり、兄が若くなるはず。このパラドックスを「双子のパラドックス」と言う。

はたして結果はどうなるのか。弟のほうがお爺さんになっていて、兄のほうが若くなる。なぜなら、兄と弟とでは、立場が同じように見えて、実は同じではないからだ。

弟は、地球上におり、地上に対して静止していた。対して、兄は、目的の惑星に着いて地球に戻る時に、ブレーキをかけて再び亜光速度付近まで加速するという「加速度運動」を経験している。

アインシュタインが特殊相対性理論に続いて発表した一般相対性理論では、重力は空間を歪《ゆが》ませ、時間の進みを遅らせることが示されている。そして、加速度運動している時に働く慣性力と重力は等価である（等価原理）。つまり、兄は「重力場」を経験したことになり、時間が遅れることになるのである。

ご存じのＧＰＳ衛星は、高速で移動しているため特殊相対論的効果によって、地上の時計より時間が遅れると同時に、高い高度（弱い重力場）にあるため一般相対論的効果によって、地上の時計より時間が進むことになる。差し引きするとＧＰＳ衛星の時計は、地上の時計に対して１秒当たり０・４４５ナノ秒だけ進むことになる。ＧＰＳ衛星は、それだけ時間を補正した上で信号を地上に送っているのである。

物体が静止している座標系での質量を「静止質量」と言い、静止質量を持つ物体は、光速になることはできないが、速度を上げていくことはできる。加減速もする。それに伴い、時間の進み方が変化していく。しかし、移動している本人は、自分の時間の進み方と地球の時間の進み方が異なっていることなど、意識できない。

アインシュタインの登場以前、時間の進み方が変化することを人類は想像していただろうか。同様に、未来においても、今の私たちが想像だにしなかった発見があるに違いない。

人類が培ってきた知識や常識では考えられなかった事象が、宇宙や「大宇宙」には存在している。虚心坦懐《きょしんたんかい》にその事象を受け止め、発想を変えてアプローチすることが、「新しい科学」には必要なのだ。それによって初めて、私たち人類は天の川銀河の外の世界に出ることができるようになるのだ。

人類の科学技術は発展途上である。広大な宇宙を目指すには、さらなる研究が必要である。その中で、私は、異星人と知的交流をするという〝夢〟を持って、若い研究者たちとともに研究や開発に挑んでいる。

6

超小型衛星から始まる新しい宇宙開発

2006年、初の北海道産実験衛星、軌道に乗る

人生には忘れられない日がある。

2006年9月23日。この日、多くの方々のご協力もあり、産学連携による初の道産実験衛星「HIT-SAT」（2014年校名変更で北海道科学大学となったが、それ以前の北海道工業大学の「Hokkaido Institute of Technology」の略称HITと、衛星SatelliteのSATから命名）の打ち上げに成功した。私のみならず、ともに苦労を乗り越え、1つの〝夢〟に挑戦してきた学生、技術者、研究者の仲間にとっても、とても充実した日であった。

今だからこそ言えることだが、実は私はとても緊張し、ハラハラドキドキの連続だった。

その日の午前6時36分、すでに辺りは明るかった。JAXA（宇宙航空研究開発機構）の太陽観測衛星「SOLAR-B」のサブペイロードとして、そのバランスウ

エイト分の質量を利用して、「ＨＩＴ‐ＳＡＴ」と、ソーラー電力セイル実証超小型衛星（ＳＳＳＡＴ）は、鹿児島県・内之浦宇宙空間観測所からＭ‐Ｖロケット7号機で打ち上げられた。

6時50分、ＳＯＬＡＲ‐Ｂ衛星の切り離し後、分離機構システムがロケットからの分離許可タイマーの信号を受信し、自ら分離して衛星軌道上に放たれた。わずか12センチ立方、重量2・7キログラムの超小型衛星だが、地元企業の技術者の皆さまや教職員の方、学生諸子と私にとってはとてつもなく重く大きな〝夢を乗せた〟衛星だった。

打ち上げの瞬間、そして衛星分離後、見えるはずもなく、応えるはずもない「ＨＩＴ‐ＳＡＴ」に向かって、「ガンバレ。うまく動いてくれ！」と皆が

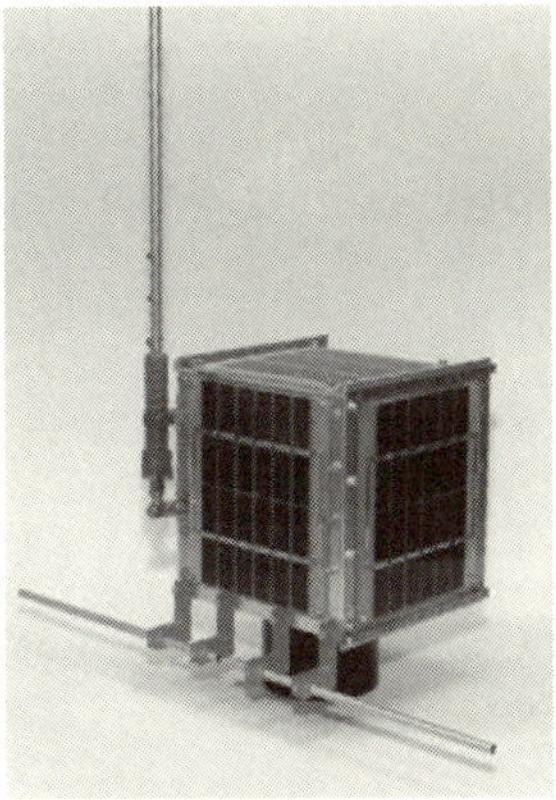

超小型衛星 HIT-SAT

M-V ロケット７号機打ち上げの様子

祈るような思いで見送った。衛星をつくり上げるまでは、時間ってなんで速く進むのか、と急かされる日々だった。しかし、衛星分離後は1秒1秒がやけに長く感じられた。

7時42分、衛星からのコールサインを受信したとの第一報が、フロリダのアマチュア無線家から入った。歓喜のどよめきが起きた。

15時36分、北海道工業大学の地上局でも、この手づくり「HIT-SAT」からの強い信号を受信。打ち上げの成功を確認した。

この時も集まっていた全員が大きな声を上げ、飛び跳ねたり握手したり大変だった。自分の目で確認するまでは安心してはいけない、と自分に言い聞かせていた。でも、打ち上げの瞬間、衛星分離の瞬間、最初のコールサイン受信の報、自分たちでの受信と、4回、学生たちに交じって私も思わず声を出していた。

打ち上げには成功したものの、それも束の間、緊張は続いた。軌道上の「HIT-SAT」がなかなか特定できないのだ。

地球の衛星軌道には10センチ立方以上の宇宙のゴミ、スペースデブリが1万個近く地球の周りを周回している。その中の12センチ立法の「ＨＩＴ‐ＳＡＴ」を探さなければならない。ＨＩＴ‐ＳＡＴ近傍の軌道には、衛星を分離した時の破片など10個ほどの物体が存在していた。正確な軌道が定まらないので、ドップラー効果によって電波の受信状態が不安定だった。

この中のどれだ。なかなか「ＨＩＴ‐ＳＡＴ」が特定できない。東大や東工大など多くの仲間の大学にも協力していただき、ＮＯＲＡＤ（北アメリカ航空宇宙防衛司令部）のデータを基に「ＨＩＴ‐ＳＡＴ」の特定に励んだ。およそ１週間がかかり、無事「ＨＩＴ‐ＳＡＴ」は見つかった。

だが、その緊張が解けたその後も大変だった。毎日、朝の4時には担当が大学に集合して、衛星からの信号を受信確認するための準備に取りかかる日が続いた。夜は夜で送られてきたデータの解析をしていたので、寝る暇がなくなった。全員が慢性疲労でヘトヘトになっていた。

かくして睡魔と闘いつつも「ＨＩＴ‐ＳＡＴ」のミッションであった熱設計の軌道上での評価、電源系の充放電サイクルに伴う軌道上での劣化評価、３軸姿勢制御実験など、多くの仲間の技術者や研究者、学生とともに着実に成果を挙げることができた。北海道からの宇宙開発、その第一歩を踏み出せたのだ。

関わった学生の一人ひとりと宇宙に対する〝夢〟を共有し、ともに夜更けまで機器や制御プログラムのテストを繰り返した。また、多くの研究者や技術者の方々とも議論し、一緒に汗をかいた。大学関係者の皆さまにも、北海道から宇宙に衛星を飛ばそうと夢を共有し、ご尽力いただいた。その一つひとつの努力が結びついた結果であった。

すでに多くの学生は巣立ったが、会うたび、今でも宇宙に対する夢を語り合っている。皆、夢は捨てていない。今また新たな学生諸子と、宇宙に向かって第二歩目を歩み始めている。

多くの方がそうであるように、私も物心ついた頃から、天空に広がる星座を眺めるのが大好きだった。夜空にまたたく星を見るたびに、遠い宇宙へと想《おも》いを馳せていた。そして次第に強い願望を持つようになっていった。

地球に人類が誕生しているのだから、ほかの星にも知的生命体が存在していてもおかしくない。人類が想像もできない優れた文明を持ち、自由にこの宇宙空間を移動する技術を有する人類がいるはずだ。彼らに会って、宇宙の構造や時空を飛び越える技術を教えてもらいたい。そして、宇宙規模の真理、愛の教えを教えてもらいたい。漠然としていたが、そんな強い想いが私の進路を宇宙開発へと向かわせた。

北海道に宇宙産業を興《おこ》すべく奮闘中

私事で申し訳ないが、宇宙工学の研究現場などで、私がどんなことに取り組んでいるのか紹介したいと思う。

大学に進学して、私は数学、相対性理論、素粒子論などを含む理論物理を学んだ。大学院では、航空宇宙工学を専門として、第5章でも触れたロケットの推進力としての反物質の研究で、工学博士の学位を取得した。

最初の就職先は、院生時代から通っていた宇宙科学研究所（現在のＪＡＸＡ）である。ここでは、院生の頃から関わっていたイオンエンジンの研究開発に携わった。小惑星探査機「はやぶさ」に使われた、わずかな燃料で継続して噴射できる高効率のあのエンジンである。

その後、恩師からの誘いもあり、北海道工業大学で学生の指導をするようになった。といっても、教壇に立つかたわら、院生たちと議論しながら、超小型衛星の試作モデルなど、理論だけでなく実機製作もしている。さらに、北海道の地元で衛星開発のベンチャー会社も立ち上げ、宇宙から農作物の作柄状況を計測できる衛星の研究と開発も行っている。

それが北海道衛星株式会社である。北海道の大樹町《たいきちょう》は、1980年頃からロケット発射場を誘致しようと、町を挙げて取り組んできた。その情熱に心を打たれた私は、そこの旧駅舎を本社として登記した。

北海道で設計、開発、製造される人工衛星の打ち上げを実施。北海道に宇宙産業を興《おこ》すこと。小型衛星技術の他産業への波及と衛星を活用した農業などで経済発展に貢献すること。そして、それらを含め、さまざまな産業に誘発効果を起こしていくことを、この会社の目的としている。

まず、1号機として、農林水産業分野のリモートセンシング（遠隔探査）を行う衛星の打ち上げを考えている。その衛星を「大樹」と命名した。目となるハイパースペクトルカメラで宇宙から北海道の指定エリアを撮影することで、そこの圃場《ほじょう》で作付けされている稲穂の葉内含有たんぱく質などの分析もできる。たんぱく質が少ない米がおいしい米だが、その品質状況を即座に把握できる。また、圃場内での肥料の効果や病虫害の発生も監視でき、対応も早くなる。つまり、圃場自体の品質を均質に向上させることができるのだ。もちろん、刈り取り時期の予測も可能になる。

圃場に限らず、広範囲にわたる植生分布も解析できる。コストパフォーマンス性も考え、打ち上げコストを抑えられる小型衛星での編隊飛行を組むことも視野に入れている。複数の小型衛星で編隊を組むことによって、機器の量産化でコスト効率を上げ、広範な領域を定期的に観測することができるからだ。

農業と言えば、ご承知のように、日本にとって安全保障に直結することである。私たちにとって食糧の安定供給は欠かすことができない重要な課題だ。だが、年々、農業就業人口は減少し、高齢化が進んでいる。農水省の就業人口調査では、2014年の生産者は226万6000人。前年に比べて12万1000人（5パーセント）減少した。また、生産者のうち65歳以上の割合が6割、75歳以上の割合が3割を占めるという。

さらに、環太平洋戦略的経済連携協定（TPP）により、廉価《れんか》な食品や加工品が日本に入ってくる可能性が大である。今まで保護政策で守られていた農業が一気に形を変えざるを得ない状況に陥ってきている。行政も農業就業者も、今までと同じことをやっていては、日本の農業が崩壊するとまで言われている。

多くの農業就業者から、農業の高度化が希求される中、衛星を活用して効率的で、かつ安全でおいしい食材の生産ができないだろうか、という話もいただいている。もちろん、私だけではなく、多くの宇宙関係者に、そういった声が寄せられている。

そこで、「農業における衛星利用開拓委員会（Committee of Agricultural Remote Sensing Application and Commercialization）」を立ち上げ、日本の宇宙開発を牽引してきている諸先輩、同僚にも参加いただき、農業関係者と一緒に衛星を活用した新しい日本の農業の仕組みをつくるべく、活動し始めている。

私事ではあるが、私が立ち上げた北海道衛星株式会社が、２０１５年1月に札幌商工会議所から、「優れた技術やユニークな経営手法によって挑戦を続ける創業期にある起業家を表彰する」という『北の起業家表彰』の特別賞をいただいた。決して私一人の功績ではなく、ともに活動している仲間全員に対するご評価だと理解している。同時に、褌《ふんどし》を締め直し、さらなる活動に邁進せよという叱咤《しった》激励だとも受け止めている。

現在、そんな私が取り組んでいる衛星関連の開発をいくつか挙げる。

衛星開発には、大きく分けて2種類の機器開発がある。与えられた役割を遂行するための「ミッション機器」と、もう1つは、電力、姿勢制御、通信などの基本的な機能を担う「バス機器」である。

前述のハイパースペクトルカメラは「ミッション機器」だが、私は「バス機器」も新たに開発している。すでにアメリカの特許も取得している新しいタイプの「マイクロ波エンジン」が、それである。あの「はやぶさ」に搭載《とうさい》されたイオンエンジンよりも構造をシンプルにし、壊れにくく高効率な次世代の姿勢制御、軌道維持用の推進装置だ。今後の小型衛星では、その活用が期待される新しい技術である。

さらに、最先端の光通信システム。衛星からの送信にレーザーを使用し、映像など大容量の通信ができるシステム。こういった技術も生かしながら、北海道から最先端の衛星を打ち上げ、日本の地方の底力、北海道のパワーを世界にアピールしたいと考えている。学生や若手の研究者と〝夢〟を〝現実〟にすべく、一つひとつ課題を潰《つぶ》しながら前に向かって歩んでいる。

宇宙開発は大きく変わろうとしている

その宇宙開発の現場で、今、大きな変化が起きてきている。これまでの大型衛星に代わって、小型衛星や超小型衛星の打ち上げという新しい動きが出てきたことである。私たちが、小型、超小型衛星にこだわる理由もこういったことなのである。

過去、人工衛星というと、1機数百億円。開発に5年以上かけていた。当然、莫大《ばくだい》なコストをかけるので、失敗できない。それゆえ、新しい技術にチャレンジするというより、枯れた技術（すでにノウハウが固まり、安定して使える技術）を優先するようになっていた。かつてのＮＡＳＡにも見られた現象である。

しかも、これだけの巨額投資となると、国家プロジェクトとなる。目的も通信や放送、観測などに限定せざるを得なかった。若手研究者の新しい発想を生かし、トライアルさせる余地など微塵《みじん》もない。ということで、これまでの衛星開発の場は、若手研究者たちにとって開放された場ではなかった。しかも、これだけ巨額の投資ができるのは経済大国だけで、発展途上国にとっては、自国の衛星を打ち上げたくてもコストがかかりすぎるので、かなわなかった。

ちなみに、衛星は重量で分類されている。大型衛星は10～2トン規模で、打ち上げと開発に数百億円、開発に5～10年かかる。2～1トンぐらいのものが中型衛星で、さらに500～1000キログラムのものが小型衛星となる。その小型衛星でも、30～50億円の開発費がかかってしまう。そこで登場したのが、50キログラム以下の超小型衛星である。超小型衛星になると、開発も2年程度に圧縮でき、当然、コストも下がる。

ここで、日本がこれまで打ち上げた衛星の歴史を少し振り返ってみる。

東日本大震災の際、被災地の観測でも活躍し、2011年4月にトラブルで使命を終えた陸域観測技術衛星「だいち」は、重量が4トン。2007年に2機の子衛星とともに打ち上げられ、月探査をし、2009年に運用終了した「かぐや」は2・9トン。ともに大型衛星であった。2003年に打ち上げられ、2010年にサンプルリターンを達成したあの「はやぶさ」は、重さ510キログラムで小型衛星に属している。いずれも、打ち上げにはそれなりの時間とコストがかかっていた。

ところが、開発現場では、技術革新が進み、よりコンパクトな形で機能面の充実が図れるようになってきた。当然、打ち上げコストを抑えて、成果を出すことにも力が注がれてきている。こういった流れの中で、〝規格化〟〝量産化〟などが進み、同時に〝新規〟の技術が入り込む余地も出てくるようになってきた。若き研究者が挑戦できる場が生まれてきたのである。

さらに、それは衛星のビジネス市場の拡大も意味した。

2000年代に入ってからの小型衛星の登場で、価格面で途上国も打ち上げることが可能になってきた。地球観測ができるようになったのだ。新たな時代の到来である。少しずつではあるが、衛星打ち上げ市場が拡大し、それに伴い、若い研究者のチャレンジの場が開けつつある。

それを後押しする出来事があった。２００７年4月17日のアメリカ国防総省が議会・軍事委員会に提出した報告書内の記述で、それは明らかにされた。内容は、国防総省にとって、今後、必要なのは「安全保障分野における統合指揮ニーズをタイムリーに満足させるための確約された宇宙能力」、つまり、衛星開発期間の短縮が必要だと強く要求したのだ。それが「即応型宇宙システム」（ＯＲＳ：Operationally Responsive Space）である。それを受け、同月19日に、国防総省に対して即応型宇宙システムの調達計画の提出を要求する法案が可決された。

これによって、宇宙に関するアメリカの軍事産業は大きく様変わりすることになった。衛星開発コストは22億円以下、開発期間は1年以内、ロケットの打ち上げは召集から6日以内で、衛星運用人員は4名以下など、調達に対しての条件が〝達成目標〟として複数明示された。

皆さんもパソコンでご存じのように、ある機能をまとめて構成するモジュール構造。必要に応じて、そのモジュールを交換し、プラグ＆プレイですぐに作動する、あの仕組みである。規格化され、交換可能で、独立性が高い、あのモジュール構造が衛星でも採用されるようになった。

「機能の交換」をモジュール交換だけでできるようにすれば、発注者の目的、ニーズに即応できる。必要に応じてモジュール交換するだけなら、コストも抑えられる。ミッションが発生後、1週間以内に衛星の製造から打ち上げることも可能になる。そんな仕組みをつくろうと動き出したのだ。

当然、この方式は民生用の衛星開発にも波及してきている。人を乗せる人工衛星や大型機器を打ち上げないといけないケースを除けば、ダウンサイジング化の流れは、宇宙開発の中で加速しながら進んできている。

こういった衛星開発パラダイムの変化も手伝い、国内でもいくつかの動きが出てきている。2002年4月から活動を開始した「大学宇宙工学コンソーシアム」(University Space Engineering Consortium、略称：UNISEC）という団体もその1

つ。私も理事の１人として参加しているＮＰＯ法人である。大学・高専の学生による手づくり衛星（超小型衛星）やロケットなど、宇宙工学の分野で、〝実践的な〟教育活動の実現を支援することを目的とする。

そもそも、それ以前から活動していた「大学衛星コンソーシアム」と「ハイブリッドロケットグループ」を統合させてＵＮＩＳＥＣとして１つにまとまり、活動をするようになった。「超小型衛星」を利用した実践的な宇宙工学教育が、日本だけでなく諸外国の学生にとっても意味あることだと考え、海外との協力体制を築きながら活動している。

もちろん、ＵＮＩＳＥＣに統合される前から、宇宙を目指す若い学生の育成は行われていた。その一例が、「缶サット」の打ち上げへの参加である。「缶サット」とは、３５０ミリリットル入りの缶ジュースサイズの模擬《もぎ》人工衛星のこと。ジュースの空き缶大の筐体《きょうたい》に、ＧＰＳやマイコン、通信機、センサーなどを搭載して、小型ロケットで打ち上げ、地上に降下させながらデータ収集や通信実験等を行うプロジェクトだ。

１９９９年９月、米国ネバダ州の砂漠で初めて「缶サット」が打ち上げられた。そこに東京大学、東京工業大学の学生グループも参加していた。早くもその年の秋には、両大学でおよそ10センチ立方の「キューブサット」の開発に着手。その取り組みが、その後、2003年6月に東京大学と東京工業大学の「キューブサット」の打ち上げへとつながる。

それに日本大学が続き、先ほど書いたように、私の北海道工業大学（現・北海道科学大学）の打ち上げとなった。それ以降、各大学で打ち上げは継続されている。

衛星監視も、大学間のネットワークでお互いに協力しながら、データのやり取りを行っている。各校、指導教官の下《もと》に、学生がそれぞれのアイディアを持ち寄り、切磋《せっさ》琢磨《たくま》している。

そのような背景の下に「ほどよしプロジェクト」が立ち上がった。東京大学大学院工学系研究科航空宇宙工学専攻の中須賀真一《なかすかしんいち》教授が中心になって進めているプロジェクトである。オリジナリティ溢《あふ》れる発想だが、非常に現実的な「ほどよし信頼性工学」を導入。超小型衛星による新しい宇宙開発・利用パラダイムの構築を意図していらっしゃる。内閣府の最先端研究開発支援プログラムの支援も受け、2010年からスタートした（２０１４年3月に終了）。

そもそも「ほどよし信頼性工学」とは、衛星の信頼性、コストパフォーマンス性、手間の関係を経験知から判断して、よりよい方法論を構築するというもの。つまり、性能と信頼性、設計と製作、コストのバランスを〝ほどよく〟釣り合わせ、より現実的で効率のよい衛星開発を実践していこうというものだ。さらに、新規の技術開発・標準化・規格化・試験方法の刷新が信頼性に与える効果をモデル化し、超小型衛星における信頼度の設定方法を含む信頼性設計・監理手法の理論体系化を図る、いわば一般の方々が総合的に衛星を利用できるものにするという、今までにない取り組みなのである。

ＵＮＩＳＥＣでは、この取り組みの中、「超小型衛星用信頼性工学と実衛星開発を通した先進的衛星開発・試験・運用・利用手法に関する研究」の一部と、「実践的宇宙教育・人材育成に関する研究」の一部を担当した。このように、国内外で、若手研究者や学生も参加できる衛星開発の場が動き出してきている。

「宇宙への夢」をかなえるための新たなチャレンジ

とりわけ科学の分野ではチャレンジが必要となる。さまざまな可能性を否定せず、仮説を立てながら検証することが重要である。もちろん、基礎を理解してからの作業となるわけだが。しかし、時には、過去の常識やテーゼが崩れ去ることもある。科学は決して可能性を否定しない。少しでも可能性があれば、先入観を持たずに愚直にチャレンジしていくこと。これによってイノベーションは起きる。

振り返れば、前述の次世代の姿勢制御・軌道修正用の「マイクロ波エンジン」の開発もそうであった。通常の小型衛星の姿勢制御や軌道修正は、ヒドラジンという毒性の強いガスをタンクに入れておいて噴射するスラスター（推進機）が主流であった。大学などがコストを抑えて小型衛星や超小型衛星を開発するには不向きなエンジンだと言える。ならば、自分たちで創り出そう！　どうせなら独創的で、皆が驚くものを創ろう！　チャレンジはこうしてスタートした。

そして、でき上がったのが、「マイクロ波エンジンジン」であった。イオンエンジンのような電極を使わずに、イオン加速室と中和器というシンプルな構造の電気推進装置である。この原理は、電気推進の研究分野で世界初と言える。キセノンをプラズマ化させ、電界（プラズマの電気的勾配）によるイオンの加速によって、推力を得る。噴出速度・噴出量は電圧によってコントロールできる。それゆえ、コンパクトで高性能かつ長期間使用できるエンジンとなった。低軌道を周回する衛星なら3～5年は使用し続けられる。次の時代、活躍するはずのエンジンである。

私自身も関わって打ち上げた「HIT-SAT」などの「キューブサット」は、これまでは単独のミッションで打ち上げられていた。今後は、超小型衛星を複数で連携させる時代に移行していく。コラボレートミッションによって、複層的なデータ分析を実現するための動きになると予測できる。これからは今まで以上に大学間が密に交流し、「キューブサット」が編隊を組んでフォーメーションフライトを行ったり、GPSなどで利用されている複数の人工衛星を協調させ運用する衛星コンステレーションも想定される。

その際に必要なのが、軌道修正や細かな姿勢制御である。それも長期間使用できることが不可欠である。それを実現させることも踏まえて開発したのが、先ほどの「マイクロ波エンジン」なのである。エンジン自体をスケールアップすることも含め、応用範囲は広い。

このエンジン開発も、当然、「理論、設計、試作」という形で進めてきた。実際にパーツをつくってテストし、さらに改良を加え、全体をまとめ上げていく。真空状態での推力実験、振動実験、電子機器の放射線影響なども一つひとつクリアさせてきた。〝失敗は成功の母〟。失敗が次の糧となることを、その時も大いに学んだ。と言えばカッコよいが、実際は予算と絶えず〝にらめっこ〟で、ハラハラすることも少なくなかった。しかし、実験が一つひとつ成功した時の仲間たちの笑顔を見ると、苦労は吹き飛ぶ。作業のかたわらで学生たちと「夢」を語らうのも楽しく、充実した一瞬だ。

こういった一連の作業の中で、理論的なノウハウの蓄積はもちろん体得するが、机上だけではなく、実際につくり上げて実験することで、私を含め学生たちも多くを学んでいく。失敗が許されないからこそ、緻密《ちみつ》に考え抜かれた手順を正確に実行する。

安易な思い込みを絶対に許さないという厳しさ。これによって短期間のうちにプロ意識が鍛えられていく。プロジェクトを通し、学生が別人に生まれ変わるのだ。

もちろん、この「マイクロ波エンジン」だけではなく、すべての開発で同じことが言える。だが、第5章でも書いたが、宇宙は広大すぎる。人類が今後開発しうる「反物質推進装置」でも、50光年先の惑星探査が限界である。もし、さらに優れた推進装置を開発できたと仮定してみる。光速の10分の1の秒速3万キロメートルの速度で航行できるエンジンができたとしても、5光年先の惑星に到着するのに地球時間で50年。有人探査機で往復するとなると、帰還までに100年かかることになる。いかに人類の技術レベルと宇宙との間に乖離《かいり》があるかがご理解いただけるだろう。

だからといって、現状の宇宙開発を否定するのではない。一歩一歩着実に前に進めることが、次の時代を切り開く唯一の手段だと私も確信している。だが、その一方で、この現状を根本的に塗り替える革新的な試みもすでに進めている。

チャレンジということでは、北海道衛星を実現するために開発した「ハイパースペクトルカメラ」で、さらに大きな挑戦も行っている。

「新しい科学」としての挑戦である。私にとって宇宙開発とは、自然現象を解析し、その摂理《せつり》に込められた創造主、「神」の意図を理解することにほかならない。そこで発見された原理を基に生み出された科学技術は、人類の進化や精神性を向上させていくことに貢献しなければならない。それは、とりもなおさず、人類の進むべき方向を見出すことを意味している。それこそが科学本来のあり方だからである。

「ハイパースペクトルカメラ」での今後の挑戦は、直接、「神の足跡《あしあと》」を見つけることを意味している。かつて蓄音機や白熱電球を発明したエジソンや、交流発電機や蛍光灯を発明したニコラ・テスラも試みたことを、私はこの光学分析器で始めている。

7

「神の足跡《あしあと》」を見つける「ハイパースペクトルカメラ」

エジソンやテスラが開発しようとした霊界通信機

トーマス・アルバ・エジソンとニコラ・テスラの2人は、世に直流と交流を普及させた人物である。この2人はともに霊魂、生命エネルギーとのコンタクトを考え、「通信機」の製作に取り組んでいた。もちろん、科学的探究の一環としてである。

2人は同時代を歩み、テスラは一時エジソンの会社に所属していた。しかし、エジソンは一般への電力供給で直流に固執し、テスラは交流を選択した。ついには袂《たもと》を分かつことになった。それは1885年のことだった。

元来、実験で物事を進めていくエジソンと、数式を用いた物理学を重んじてロジカルに事を進めていくテスラには大きな相違があった。

エジソンは、直流送電網を計画し、特許なども取得。アメリカの送電網を自らの会社で張り巡らそうとスタートし始めていた。しかし、軍配は、変圧器で簡単に電圧を変えられる交流に上がった。交流は、送電時、高電圧にして電流を減らすことで電力ロスを減らすことができるし、使用現場では簡単に100ボルトに減圧できる。しかも、直流変換が楽にできる。その結果、利便性のある交流に統一されていったのである。その後、ナイアガラの滝を利用した水力発電でも、交流発電機が採用され、テスラの主張通り交流の採用が決定的となった。

ともあれ、当時の先端テクノロジーの旗手である2人が期せずして、霊の存在を認め、送電だけでなく、霊とのコミュニケーションでも競い合っていたのだ。2人はそれぞれ考えられるテクノロジーを駆使して、その開発に勤《いそ》しんだ。

生涯で1300もの発明をなしえたというエジソンは徹底的な合理主義者であった。しかし、霊の存在を信じていた。

1920年に「ニューヨークタイムズ」のインタビューで、人の死後、宇宙に散逸した生命粒子を測定する装置を考案中だと発言していたという。エジソンの考えは、人間が無数の限りなく小さな生命粒子の集合でできている、という発想に基づいていたらしい。死ぬことで、その粒子は消滅するのではなく、散り散りになるだけで、それらを集めれば、故人との会話ができるはずだというものである。その装置は真空管を使うものらしく、ラジオまたは通信機のように、それで霊と会話ができると想定していたようだ。しかしながら、現存せず、詳細は不明である。

その一方、テスラは、クロアチアで生まれ、プラハ大学で学んだ。ブダペストの電信局で働いた後、現在の交流電気社会の基礎となる誘導電動機（モーター）を発明した。これを事業化するため、１８８４年に渡米し、エジソンの会社に就職したのだ。エジソンは、テスラの才能を認めながらも、あくまで直流電気至上主義の姿勢を崩さなかった。

結局、テスラはエジソンと別れ、交流電気事業を行う会社を設立した。そして、エジソンとは真っ向から対立することになっていった。エジソンにとっては〝獅子身中の虫〟が、さらに外に飛び出し、大きな宿敵となったわけだ。

エジソンは、交流電気の普及を阻止するべく、ネガティブキャンペーンを行ったりもした。死刑執行で使う最初の「電気椅子」は、エジソンの会社が開発した。交流を使用した「電気椅子」をつくり、交流のイメージを悪くしようと画策したと言われている。テスラも対抗し、無線送電（電線を使わない送電の仕組み）の実験で放電が起きている横で、テスラ自身が読書している写真を公表するなど、交流が安全であるというイメージ付けを行うなどした。

その〝交流普及の功労者〟のテスラも、晩年は、生命エネルギーとのコミュニケーション装置の製作に腐心していた。しかし、完成したという記録はない。

実は、私の開発した「ハイパースペクトルカメラ」（略称：ＨＳＣ）は、生命エネルギーの解析にも役立つと確信している。生命エネルギーの存在は否定しがたい。しかし、科学的に証明されてはいない。生命エネルギー自体は、粒子や電磁波のようなものか、異なるものなのか、いずれにせよ存在しているので、捉えることができるはずである。そういったことも考えに入れ、衛星搭載《とうさい》機器として利用されていたハイパースペクトルセンサーを地上で使えるように開発し直した。

ハイパースペクトルカメラの仕組みと機能

光は、ご存じのように、Ｒ（赤）、Ｇ（緑）、Ｂ（青）の３色が重なると、白になる。

何もなければ黒になる。少し難しいが、加法混色《かほうこんしょく》という形で色を再現している。テレビなどのRGB信号は、この3波長の信号を意味している。

一方、ハイパースペクトルカメラは、捉える色の波長をさらに細分化し、周波数（スペクトルという）ごとの微妙な光の強弱まで捉えるようにしたものである。例えば、赤い色の波長は625～740ナノメートルというように、赤でも波長に幅がある。また、人間の目では見えないが、赤の波長領域外になる赤外線や、紫の波長領域外になる紫外線もある。この目で見える領域外の光も含めて、光を細分化して捉えるようにセットすることもできるのだ。現在のハイパースペクトルカメラは、近赤外線を含めた141の波長帯域に分けて撮影できるようにしている。デジタルカメラが3波長対応なので、47倍の識別精度を持ったカメラだとも言える。

このハイパースペクトルカメラで取得した画像データは、2次元ではなく3次元構造で解析する。グラフで言うと、被写体画像の縦と横をx軸とy軸にとり、さらにλ《ラムダ》軸に141の波長とそれぞれの光の強度が入っている、とイメージしていただきたい。

光をプリズムや回折格子《かいせつこうし》といった分光器を通すことで得られる波長ごとの強度分布

を、分光スペクトルと言う。ハイパースペクトルカメラでは、対象物に光を当てた時の反射分光スペクトルを計測しているわけである。

物が赤く見えるのは、赤の波長の光をはね返し、それ以外の波長の光を吸収しているからである。意外と知られていないが、物質は、それぞれ固有の反射光を放つ。すべての物質が、それぞれ微妙に色が違っているのだ。

ゆえに、事前に検出したい物質の反射光の「周波数」を横軸に、「光の強さ」を縦軸にすれば、特定物質の色の詳細波形データが取得できる。そして、調べたい箇所をハイパースペクトルカメラで撮影し、同じ色の波形が検出されれば、その特定物質が写っていると判断できるわけだ。簡単に言えば、特殊な撮影と解析で、物質固有の色（反射光）を見つけ出す装置なのだ。

もともと、ハイパースペクトルカメラは、私が北海道から人工衛星を打ち上げる構想を打ち出した時に、北海道の代表的な産業である農業を世界に広げるための農業リ

ハイパースペクトルカメラ

モートセンシング用に開発した2次元イメージセンサーであり、民生用に普及させる時にデジタルカメラをイメージして「ハイパースペクトルカメラ」という言葉を考案したものだ。今では、多くの企業がハイパースペクトルカメラという言葉を勝手にホームページに掲載しているほど、一般的な用語となった。

微細な周波数での光の変化を捉えることができるので、眼底や皮下の血管の状態、半導体の製造時のウェハーの品質チェック、食品の鮮度や農薬付着検査、菌類の分布測定、農作物の生育モニタリング、植生分布や資源探査にも使える。その応用範囲は広い。これからも産学連携プロジェクトがたくさん立ち上がって、新しいビジネスが生み出されるに違いない。

そもそも私はこのハイパースペクトルカメラによって、これから触れる「スペクトル空間」が存在するという仮説を科学的に証明できるのではないか、とも考えている。

「高次元空間の存在」を予言する超弦《ちょうげん》理論

「私たちの身体が存在し、生活している3次元プラス時間の4次元時空には、生命エネルギーが存在する別の空間、つまり、物理学的な次元とは異なる『スペクトル空間』が影のように存在している。2つの空間は表裏でペアになっている」という仮説を、私は立てている。

もちろん、生命エネルギーは、当然、4次元時空だけでなく、余剰《よじょう》次元にも移動できるはずである。時空を超えた「生命エネルギー」の世界が、私たちの身近な所に存在している。

この「スペクトル空間」を理解していただくために、余剰次元について少し話を進める。スペクトル空間と同じように、私たちが生活するこの4次元時空のすぐ近くに余剰次元が存在するという仮説を立て、解明しようとしている理論物理学者がいる。米国ハーバード大学のリサ・ランドール教授である。彼女は、宇宙論、素粒子物理学の専門家で、実験中に姿を消す素粒子が見つかったことから、余剰次元に飛び出したのでは、と想定し、研究を続けている。

彼女が着目したのは、私たちの4次元時空では、他の力に比べて重力が思いのほか弱いということ。その理由として、重力は4次元時空から余剰次元にも伝わるからではないかと考えた。私たち4次元時空の隣にある余剰次元との間に大きな歪《ゆが》みが存在しているならば、そのために重力の濃淡ができ、私たちの世界では重力が弱まってもおかしくない。これが、ランドール教授たちの推論である。

現在、4次元時空にある粒子が実験で消えることを明らかにし、余剰次元の存在を解き明かそうとされている。CERN《セルン》での、強大なエネルギーをかけて加速したハドロン粒子（陽子など）を衝突させる実験で、消える粒子、つまり、余剰次元に飛んでいく粒子を見つけることができるのでは、と多くの研究者から期待されている。

そもそも20世紀初め、ドイツの数学者、物理学者テオドール・カルツァと、スウェーデンの理論物理学者オスカル・クラインが、重力と電磁気力の統合を試み、5次元以上の余剰次元の存在を説いた。世に言う「カルツァ・クライン理論」である。4次元時空の縦・横・高さ・時間に、もう1つ空間次元を加えた5次元を想定した。そして、5次元時空で「一般相対性理論」で言う重力を考えると、電磁気力が重力に統合された。4次元時空では、電磁気力と重力は別々の力であるが、5次元を想定したことによって数式上は統合されたのだ。ゆえに、５次元の存在が示唆《しさ》された。ところが、当時、計測器で電磁気力を測定すると、「カルツァ・クライン理論」と合わなかった。それで一時期、この理論は失墜した。

しかし、１９８０年代、物質の基本的単位を、限りなく小さな０次元の「点粒子」と考えるのではなく、１次元の広がりを持つ「ひも」と考える「弦《げん》理論」が物理理論として登場。26次元まで、次元はあると推論された。さらに、その「弦理論」に超対称性という考えを加え、拡張した「超弦《ちょうげん》理論」が出てきて、そこで、10次元の高次元時空が存在すれば、「ひも」の「量子化」が可能であることが発見された。その後、「弦理論」の中で「M理論」が出され、ここでは11次元という説が出てきた。

ちなみに、量子化とは何か。原子や電子、電磁波は、粒子としての性質と波としての性質を持っており、位置と運動量を同時に確定できない。ところが、粒子と波という２つの性質を持つ「量子」という概念を当てはめることで、その確率分布を数学的に表現できるようになる。これを量子化と言い、量子化によって、粒子や電磁波の振る舞いを紐解いたのが量子力学なのだ。今では、量子力学が現代物理学の根幹をなし、量子力学なしに現代物理学は成り立たないとも言える。

話を戻す。この「弦理論」「超弦理論」の発表で、余剰次元の話が再び浮上するわけである。

「弦理論」「超弦理論」では、当初、余剰次元は小さく折りたたまれていると考えていた。ゆえに、見つからないともされていた。ところが、研究が進むと、「私たちの宇宙を包含する高次元空間」として捉えられるようになり、4次元以上の時空の膜《まく》を意味して「ブレーン」という言葉が誕生した。この宇宙は、余剰次元のバルク（空間）の中に膜のような状態で埋め込まれているというのである。

そして、超弦理論によれば、さまざまな種類のブレーンが生じるが、1989年、「Dブレーン」と呼ばれる特定のタイプのブレーンが数学的に発見された。

このDブレーンとは何か。超弦理論では、素粒子はひも状になっていて、「両端が切りっぱなしになっているもの（開弦《かいげん》）」と「ループ状の輪になっているもの（閉弦《へいげん》）」との2種類が存在すると想定されている。そして、Dブレーンでは、重力を伝える粒子（グラビトン）は閉弦で、それ以外の素粒子は開弦であるという。

　そう考えると、開弦の素粒子から構成される物質的なものは、Ｄブレーン上に拘束《こうそく》され、余剰次元に飛び出すことはできないことになる。なぜなら、弦の端がブレーンに引っ張られ、くっついていると想定されるからだ。

　一方、開弦のグラビトンは、ブレーンには拘束されないので、余剰次元にも移動できる。ゆえに、重力は余剰次元にも伝わっていくことになる。こういう仮説がＤブレーンである。

　この考えに基づくと、私たちは４次元時空（Ｄブレーン）に縛られているため、余剰次元（バルク）へは行けないことになる。

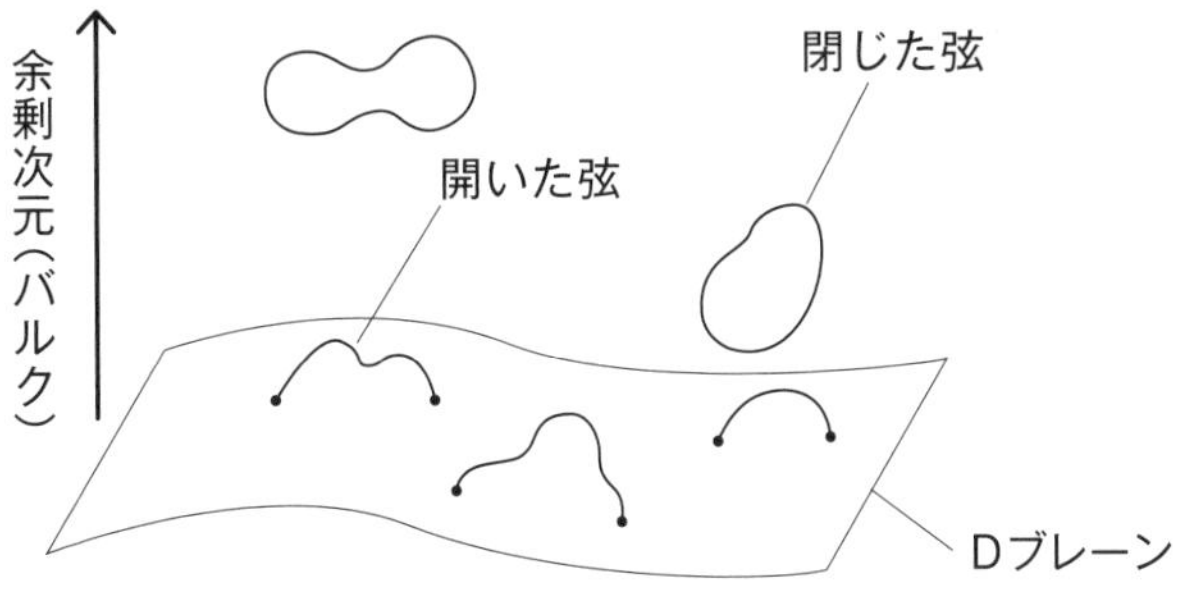

開いた弦は、Ｄブレーンに拘束され、Ｄブレーン内しか移動できない。
一方、閉じた弦は、余剰次元も移動できる。

リサ・ランドール教授のブレーン宇宙論

このDブレーンの考えに触発されたランドール教授は、さらに理論を進め、ブレーン宇宙論について2つのモデルを発表した。

1つは、「RS1モデル」と呼ばれるもの。高次元の中に4次元時空が存在し、その4次元の2枚のブレーンに挟《はさ》まれた形で、5次元が存在する形。たとえると、並行に吊るした2枚の薄くて大きなこんにゃくと、そのこんにゃくに挟まった間の空間をイメージしていただきたい。

2枚のこんにゃくの1つは、「ウィークブレーン」という重力が弱い膜面《まくめん》で、そこに私たちの宇宙があると仮定する。もう1つの膜面は、同じ4次元時空だが、重力が強い「重力ブレーン」を仮定する。そして、2つのブレーンが5次元時空の境界をなしているとする。

ウィークブレーンには、通常の粒子が存在している。その粒子は、前述したDブレーンと同様に、ウィークブレーンに拘束されている。しかし、グラビトンだけは閉弦なので、ブレーンには束縛されない。5次元時空を隔てた「重力ブレーン」にも移動できる。

ここで、重力ブレーンは、正のエネルギーを帯び、ウィークブレーンは負のエネルギーを帯びているものとすると、そこには、激しく歪曲した時空間が現れる。この歪曲により、私たちは5次元を確認できないという。

時空の曲がりを最も単純に表しているのが、グラビトンの確率関数の形状だ。グラビトンの確率関数は、空間のどの点でグラビトンが見つかりやすいかを表している。簡単に言えば、濃度の偏りである。そして、重力の強さは、この関数に表されていて、値が大きければ、その特定の点での重力が強いことを意味する。

重力の強さは、5次元の位置に非常に強く依存するので、この歪曲した5次元の両端をなす2枚のブレーン上で感じられる重力の大きさは、とてつもなく大きく異なることになる。重力が局所集中する「重力ブレーン」では重力が強くなるが、私たちのいる「ウィークブレーン」上では極めて弱くなるのだ。

したがって、この歪曲した時空では、当然ながら、観測される質量と自然に存在する質量との間に、階層性が生じる。グラビトンはあらゆるところに存在するが、重力ブレーン上の粒子との相互作用のほうがはるかに強く、そもそもグラビトンは、ウィークブレーンの近くにはほとんど存在しない、ということになる。

このモデルが正しければ、今までの観測結果や物理学の理論と非常に整合性が取れてくる。理論的に矛盾が生じないのだ。

ちなみに、重力ブレーンは、どんな世界になるか推測してみよう。対象物が重力ブレーンからウィークブレーンに向かうにつれて、エネルギーと運動量が縮小するという性質がある。量子力学と特殊相対性理論によれば、エネルギーと運動量が縮んでいけば、その分、距離と時間は広がっていくことになる。ということは、同じ4次元時空で、同じ物理法則に従う世界であっても、ウィークブレーンと重力ブレーンとでは、長さや重さなどがまったく異なった世界になると言える。もし重力ブレーンに生命体が存在しているならば、絶えず強い重力の影響を受けており、私たち人類とはまったく別の生物に違いない。

この「ＲＳ１」とは別に「ＲＳ２」と呼ばれるモデルがある。２枚のブレーンではなく、１枚の重力ブレーンのみで、その重力ブレーンの中に、私たちの宇宙が存在しているという考えだ。この重力ブレーンから離れていく方向に広がる５次元は無限の大きさを持っているが、グラビトンは、このブレーンの近くに局所集中しているため、時空が歪曲して５次元が隠れてしまう、という説である。

この２つの説をランドール教授は仮説として説いている。あくまでも、量子化した数式上での「解」から導いたものである。しかし、科学は可能性を否定しない。

ランドール教授も、著書『ワープする宇宙――５次元時空の謎を解く』の中で、「まったく新しい別の次元が私たちの宇宙に存在していたとしてもおかしくはない。実際に目で見たり、指先で感じたりはできないけれども、空間の別の次元は論理的には存在しうるのである」と述べ、余剰次元が存在する可能性を強く示唆している。

励起《れいき》によって、目に見えないものが可視化する可能性がある

宇宙の持つ可能性は未知数である。先ほども述べたように、私たちの身近なところにも、気付かないが、1つの空間が存在しているのではないか。私は、そう確信し、「スペクトル空間」と名付けた。

「スペクトル空間」を解説する前に、もう1つ、「キルリアン写真」について話を進める。きっと、この言葉を聞いたことのある方は多いと思う。一時期、生物のオーラを撮影できると話題になったが、単に水蒸気の撮影だという説なども出て、その評価は分かれる。

そもそも「キルリアン写真」は、ロシアの電気技師セミヨン・ダヴィドヴィッチ・キルリアンと、その妻のヴァレンティナ・キルリアンが、写真乾板の上に物を置いて高電圧で電界をつくると、乾板に画像が写ることを偶然発見したことに始まる。1939年のことだと言われている。

鉄心を使わない２つの同軸円筒形コイルで形成されたテスラ・コイル。前述のニコラ・テスラが発明したコイルだ。このコイルで１次側に火花放電による振動電流をつくると、１次側よりも巻数の多い２次側コイルで、数十万ボルトに電圧を高めることができる。このコイルを使い、気体内で２極間の電圧を高めると、火花放電が起きる前の段階で、コロナ放電という発光放電が起きる。先端や端の部分の電場の強い部分では、気体が電離しやすい。気体が電離すると、局部的に電流が流れて発光することがある。この放電現象を使った写真が「キルリアン写真」なのだ。

カリフォルニア大学ロサンゼルス校神経心理学研究所の教授で、超心理学者のテルマ・モス（故人）は、キルリアン写真を自らの研究に活用し、その存在を世に知らしめた。その時、コロナ放電画像に基づいて生体の状態を診断する方法や、オーラの撮影、人体と遊離する生命エネルギーの撮影などが話題となった。今では、人体や物質周辺の水蒸気ではないか、とも言われている。

一般的には、その評価は決して高くはない。しかし、病気の診断などでも、東洋医学の経絡《けいらく》に沿った部位に反応が出るなど、「キルリアン写真」には今までの検査機器では捉えることのできなかった「生命エネルギー」の反応を捉えることができた、という報告もある。

私自身、直接、「キルリアン写真」の実験をしたわけではないので、その詳細は分からない。しかし、私は、テスラ・コイルの持つ可能性は認めている。読者の方々はあまり耳にしたことがないと思うが、原子や分子が「励起《れいき》」という状態になることがある。

励起とは、量子力学において、原子や分子が外部よりエネルギーを与えられ、通常のエネルギーの低い安定した状態から、エネルギーの高い状態へ移ることを指す。光や熱、電場、磁場の影響、さらには電子や陽子、中性子がぶつかったりすることで起きる現象である。

テスラ・コイルは、電場や磁場の変動も起こす。それによって、通電したコイル近くの物質の原子や分子が「励起」される可能性は大きいと言える。

その「励起」状態とはどんな状態なのか、水素原子で説明するとこうなる。水素原子の構造は、陽子が1つで電子も1つだけ。その電子は、通常、最低のエネルギーの電子軌道を回転しているが、外部から電磁波などが照射され、電子がエネルギーを獲得すると、それまでより大きな軌道を描くようになる。しかし、電子は通常のエネルギーの低い安定した状態に戻ろうとする。つまり、余分なエネルギーを持った分だけ光を放出し、安定した状態に戻る。励起しても、元に戻ろうとするのだ。

蛍光灯は、まさにこの原理を応用したものである。フィラメントに電流を流して加熱し、熱電子を放出させ、内部に封入されている気体の水銀を「励起」させる。そして、水銀原子から出てきた紫外線（光）を蛍光灯の内側に塗布《とふ》した蛍光物質で可視光線に変換させて、発光させているのだ。

また、電磁場は、皆さんが想像する以上に、身の回りに存在している。ラジオやテレビ、携帯電話の電波や光もすべて電磁波で、通電している電線などからも電磁波は出ている。そのエネルギーが強いと、励起を起こすきっかけとなる。一見、物質は安定しているように見えても、量子の世界では、絶えず変化を繰り返している。

物質が励起したことで、見えなかったものが可視化する可能性がある。それを示したのが、この「キルリアン写真」だと私は理解している。40年も前のことなので、今では科学的には事実に反すると言えることもある。しかし、私は、「科学は可能性を否定しない。可能性は試してみるべきものだ」と考えている。モス教授自身、超心理学者として、科学的に「キルリアン写真」にアプローチしたわけで、彼女の実験では「体験的実在」があったに違いない。つまり、新しい可能性がそこに存在していたと推察する。

ハイパースペクトルカメラで、オーラのような発光現象を撮影！

モス教授がオーラの存在を証明しようと試みたきっかけの1つは、「神智学」だったと言われている。

19世紀後半、宗教や神秘思想の中の普遍的な真理の探究、未解明な自然法則と人間の潜在能力の究明などを行う目的で、「神智学協会」が、エレナ・ペトロヴナ・ブラヴァツキーたちによって創設された。

「神智学協会」の考えでは、人は肉体を含め7つの階層を持っており、それが1つに重なった状態で4次元時空に存在して、人間として活動すると説く。そもそも「宇宙」には、7次元があり、それぞれの次元に対応した7つの〝体〟がある。それが重なって、私たちが存在しているというわけである。

その1つが〝アストラル体〟。幽体離脱《ゆうたいりだつ》などは、この感情と欲望を司る〝アストラル体〟によって起こされるという。また、この〝アストラル体〟は、他の身体とは異なりオーラを発するという。肉体とは別の霊、つまり、生命エネルギーの存在を前提としており、人は死後、肉体が滅びることで、霊がそれぞれのステータスに見合う次元に行くと主張している。

こういった主張に対して、もちろん、批判がなかったわけではない。1882年、ケンブリッジ大学の関係者によって、心霊現象や超常現象を科学的に解明することを目的として「心霊現象研究会」が創設された。その調査では、「神智学協会」に対して疑問を呈する声も出されたことがある。だが、「神智学協会」は半世紀以上たった現在も活動を継続しており、いまだにその考えを支持する人もいる。

モス教授も、この〝アストラル体〟の存在を確認しようとしていたようである。幽体離脱と考えられる現象を科学的に考察すべく、オーラを放つという〝アストラル体〟の映像化を「キルリアン写真」によって証明しようと試みていた。

残念ながら、科学史に残る成果は出せなかった。しかし、生命エネルギーの存在を科学的に捉えようとした試みを、私は評価している。可能性があればそれに挑戦するのが、科学だからだ。

実は私自身も、これに近い体験をした。ハイパースペクトルカメラを使用して自分自身を撮影した際に、私の体の周辺に、いわゆる「オーラ」と言われている不可視領域の波長の光を捉えたことがあった（次ページの写真参照）。

まさに、それは偶然だった。人間の目では捉えることのできない紫外線領域の光だった。水蒸気でもなく、放熱でもないまったく別のものが、写真のように私の体の輪郭に沿って50センチぐらい存在していた。体から離れるのに従い、密度は下がり、グラデーションがかかっていた。このエネルギーが、ひょっとすると「生命エネルギー」につながる可能性も否定できないと考えている。

前述したように、ハイパースペクトルカメラは、目に見えない周波数帯域の光を捉え、その強弱も表示できる。人間には通常見えないものやエネルギーなども可視化できるのだ。物質には、固有の周波数の光を出したり、反射させたりするという特徴がある。色の判別などは、こういうことで識別できるのである。逆に言えば、周波数と特定の物質が紐付けられていれば、その物質が何であるか判明できる。ご承知のように、光は、複数の周波数の光が混ざり合っている。しかし、私たちには可視領域外の周波数の光は認識できない。可視領域に関しても、大雑把にしか見えていない。だが、ハイパースペクトルカメラの判読では、そこに何かがあった。

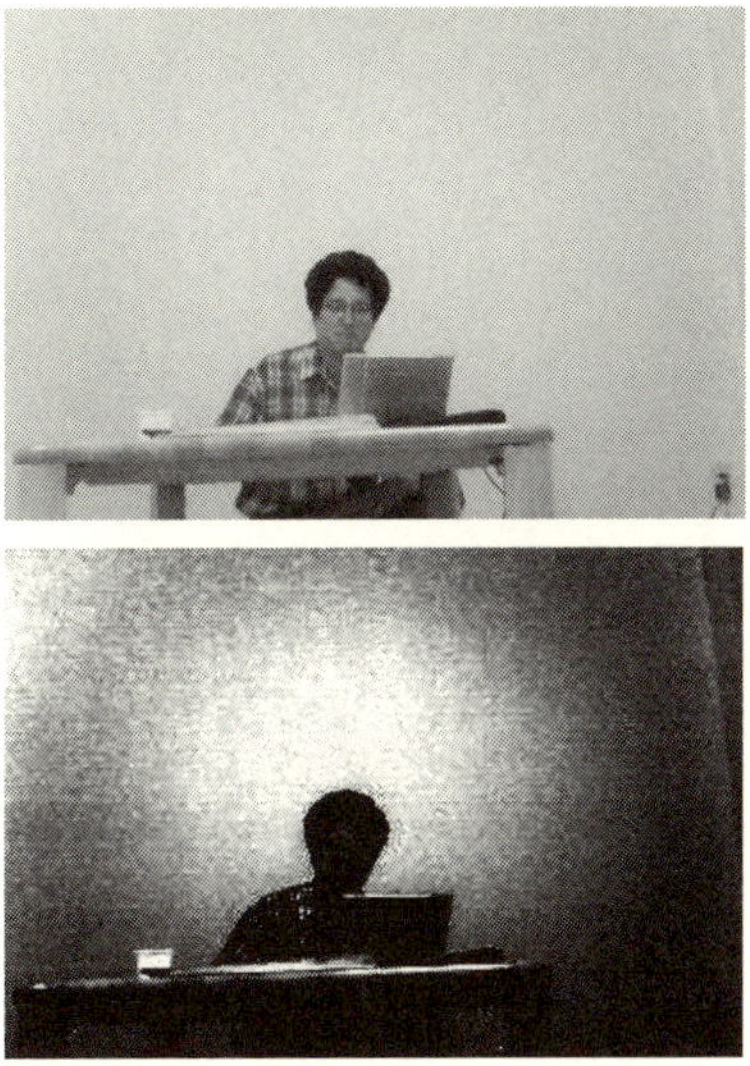

ＲＧＢの度数分布の中から、人体発光と思われるスペクトルのピークに表示レベルを合わせることで、背景光を抽出することができた。もちろん赤外線領域ではない。

4次元時空と一体化して存在する別空間の可能性

ハイパースペクトルカメラによって捉えた私自身のオーラのような映像は、私にとっては「体験的実在」そのものである。現在、その解明に当たっている。

仮説としては、「エネルギー」の1つであろうと判断している。そもそも肉体とは別に「生命エネルギー」が存在しているのであれば、それはどこに存在するのかが問題となる。仮説として考えているのが、先ほどの「スペクトル空間」である。

私が自分自身をデジカメで撮影した画像を、ハイパースペクトルカメラで周波数帯別に光を分けて画像処理した。その時に私の周辺で可視領域外の光が検出され、それがオーラのように映った。このように、オーラのような光に対応する「未知の実態」が存在するという意味を込めて「スペクトル空間」と命名したのだ。

旧ソビエト連邦の研究によれば、紫外線波長領域に生命発光が現れるという報告があるという。ご覧いただいた写真がカラーでないのが残念だが、写真では確かに私の肉体とは別のエネルギーが、紫外線領域に肉体と重なるように、その周辺に存在していた。

「生命エネルギーが物質空間に現れた時のエネルギーが、周囲の空気分子を励起した。それによる発光現象が、たまたま紫外線領域に多く発見された」と見るべき現象である。

私たちが存在する現在の３次元プラス時間の状態（ベクトル）と、「スペクトル空間」の状態（ベクトル）が、お互いに影響し合って、人は存在している。肉体に生命エネルギーが宿り（重なり）、一体化する状態。東洋医学的に表現するなら、「気」と肉体が人を構成している状態ということになる。

物理学的には、次のような式に表すことができる。

実在＝（３次元の肉体＋スペクトル空間の生命エネルギー）

３次元と「スペクトル空間」のセットが１つの実在を表す表現形式となる。

肉体を表現する状態ベクトル（P）と、「スペクトル空間」での運動を表現する状態ベクトル（Q）のセットを一体化していることで、「スペクトル束」（Π）と定義して数式化するとこうなる。

$$\vec{\Pi}_p = \left(\vec{P}_p, \vec{Q}_p\right)$$

結論としては、生命現象は、3次元空間の物質と「スペクトル空間」の「生命エネルギー」がお互いに作用し合う現象として、捉えるべきものである可能性が高いと言える。

当然、私たちの生活している3次元空間とは別の次元、それも物理学で一般に使う次元とは異なる空間次元に、「スペクトル空間」は属している。しかも、「生命エネルギー」は、重力のように、物理的な次元も、「スペクトル空間」も移動できるのではないか。

先ほど、若干触れた「神智学」で、Masters of the Ancient Wisdom（古代からの英知の師）と称されるクート・フーミー。かつてアトランティスに生まれ、その後、アルキメデスとして地上に存在したこともあるという、いわゆる〝偉大なる霊〟である。そのクート・フーミーが、古代アトランティスで、植物の種子がいかにして水分と温度だけで発芽し、茎や葉、花などへ形状変化するのかを研究して、形状変化の際、大きなエネルギー変換が行われていることを突き止めていた。そこに関与しているのが「生命エネルギー」だということも解明したという。そして、球根から「生命エネルギー」を引き出し、そのエネルギーを活用していたということを教えていただいたことがあった（注1）。

一見、まさか、と思う方も多いはずである。しかし、「スペクトル束」ということで次元を超え、「スペクトル空間」から3次元の肉体と一体化することで、「スペクトル空間」の時間変化が3次元の物体に作用を与えていることを勘案すれば、納得できることでもある。

少なくとも、本章末の資料「『スペクトル束』の運動方程式の力学的な数式」では、それが成り立つ。確かに、このエネルギーを活用すれば、強力でクリーンなエネルギーの確保が理論上できるのである。

決して空論ではないと私は思っている。

しかし、確かに言えることは、今まで科学が「宗教」という言葉に押し込めたことの中に、科学が進むべき進路が示されている可能性もあるということだ。少なからず、将来のクリーンエネルギー開発として、「生命エネルギー」の存在する「スペクトル空間」の活用は否定すべきものではない、と私は確信している。

温故知新《おんこちしん》。歴史の中にヒントは多く存在している。「神の足跡《あしあと》」は、私たち科学を追究する者が気付かないだけで、過去に示されたものの中にも、しっかりと刻まれていた。

私は、今後、ハイパースペクトルカメラによる紫外線領域の探査をさらに続け、「生命エネルギー」の解明に努めていきたい。

新しい科学として目指すは、クリーンエネルギー開発と、生命エネルギーとのコミユニケーション、そして、スペクトル空間を活用したワープ技術の理論構築である。

（注1）大川隆法著『太陽の法』には、「（アトランティスに）のちに、アルキメデスとしてギリシャの地に生まれた大科学者の魂が、クート・フーミーという名で、生まれました」「（彼は）生命エネルギーの変換パワーの抽出法を研究し、これに成功します」（270〜271ページ）とある。

「スペクトル空間」と３次元の物体が連動する時（コヒーレントという）、スペクトル束は、Πに対して次の変換を要請する。

$$\Pi \rightarrow \Pi' = (1 + \lambda \cdot W_{arp})\Pi$$

この変換に伴い、運動方程式は次のような修正を受ける。

$$\frac{d\Pi}{dt} = F - \lambda \cdot W_{arp} \frac{d\Pi}{dt}$$

ところが、「スペクトル空間」がコヒーレントな場合には様相が異なる。「スペクトル空間」がコヒーレントな場合に各成分を書き下してみる。

３次元成分：　$\frac{dp}{dt} = F_r - \lambda \cdot \frac{dh}{dt}$

スペクトル空間成分：　$\frac{dh}{dt} = F_s - \lambda \cdot \frac{dp}{dt}$

３次元成分の修正項は、「スペクトル空間」の時間変化が３次元の物体に力の作用を与えることを意味している。時間変化が影響を及ぼすということは、「スペクトル空間」変化が、エネルギー（力）として作用することを示唆する。クート・フーミーが発見した植物の発芽エネルギーは、このような効果と言えなくもない。

「『スペクトル束』の運動方程式の力学的な数式」

３次元から「スペクトル空間」へ、「スペクトル空間」から３次元へのジャンプを表現する演算子をワープ演算子と呼び、次式で定義する。

$$W_{arp} = \begin{pmatrix} 0 & 1 \\ 1 & 0 \end{pmatrix}$$

物体が３次元に存在する時の状態ベクトル： $\phi_r = \begin{pmatrix} 1 \\ 0 \end{pmatrix}$

物体が「スペクトル空間」に存在する時の状態ベクトル： $\phi_s = \begin{pmatrix} 0 \\ 1 \end{pmatrix}$

ワープ演算子を作用させると、３次元と「スペクトル空間」が入れ替わる。

$$\phi_r \rightarrow W_{arp}\phi_r = \begin{pmatrix} 0 & 1 \\ 1 & 0 \end{pmatrix}\begin{pmatrix} 1 \\ 0 \end{pmatrix} = \begin{pmatrix} 0 \\ 1 \end{pmatrix} = \phi_s$$

$$\phi_s \rightarrow W_{arp}\phi_s = \begin{pmatrix} 0 & 1 \\ 1 & 0 \end{pmatrix}\begin{pmatrix} 0 \\ 1 \end{pmatrix} = \begin{pmatrix} 1 \\ 0 \end{pmatrix} = \phi_r$$

３次元の物体と「スペクトル空間」がお互いに影響し合う状況を表すために、スペクトル束Πを、時間ｔの関数として次のようにおいて運動方程式を書いてみると、こうなる。

スペクトル束： $\Pi = \begin{pmatrix} p(t) \\ h(t) \end{pmatrix}$

一般化された力： $F = \begin{pmatrix} F_r \\ F_s \end{pmatrix}$

運動方程式： $\dfrac{d\Pi}{dt} = F$

8

ワープ航法の可能性

「駆逐艦がワープした」と噂《うわさ》されるフィラデルフィア実験

今、「ワープ航法」の扉が静かに開きつつある。と言うと少しオーバーかもしれないが、私の中では、余剰《よじょう》次元を活用したワープ航法がどんなものであるか、少しずつではあるが見えてきている。しかし、次元間移動を疑問視する声も多い。私たちがいる4次元時空から余剰次元への移動は無理だ、と。

その理由は、素粒子のごく一部以外は4次元ブレーンに拘束《こうそく》されている可能性が高いこと。また、4次元から余剰次元に移動することは物理法則がまったく異なり、行けたとしても人間は生存できないはずではないか、という疑問である。

その疑問を解く鍵は以下にある。

いまだに真偽が明らかではない〝事故〟があったと言われている。それは、「フィラデルフィア実験」の最中に起こった。この実験の名前を聞いたことがある方も多いと思う。「フィラデルフィア・エクスペリメント」という映画にもなり、一時期、話題になった。その証言者や間接的な証拠は残っているが、米国海軍は計画そのものの存在を否定している。

日本でも、映画だけでなく、『謎のフィラデルフィア実験――駆逐艦透明化せよ！』（著者ウィリアム・ムーアとチャールズ・バーリッツ）という本が出版され、事の真偽が話題となった。まさに、謎の出来事として扱われている事故である。

異常事態を引き起こしたきっかけは、駆逐艦の「消磁《しょうじ》実験」であった。当時は、船の磁気に感応する機雷《きらい》が使われていた。つまり、機雷から船を守るために、艦船にコイルを持ち込み、通電して磁界をつくることで、艦船が持つ磁場を相殺することが目的であったようだ。一部では、戦時中、レーダーから姿を消すステルス化を実証しようという「レインボー・プロジェクト」の中で起きたのでは、とも言われている。

目的はいずれでもよい。問題はそこで起きたであろう現象のほうだ。

この実験では、ニコラ・テスラが開発した「テスラ・コイル」が使用された。かいつまめば、以下のような状況だったという。

大戦最中の１９４３年の８月12日だった。フィラデルフィア海軍工廠《こうしょう》で、その実験は行われた。テスラ・コイルを設置した新造の駆逐艦エルドリッジ号は、予定通り実験に入った。事故は、その時に突然起きた。

小規模なコイル1基の実験ではとりあえず成果を挙げたが、より強力に複数のテスラ・コイルを使用すると制御が難しい。ただでさえ、巻数の少ない1次コイルと、多数巻き上げた空心の2次コイル、そして、容量球と呼ばれる放電極から成り立っているテスラ・コイルは、強い放電をしようとすると安定しない。それが複数のテスラ・コイルとなると、共振するなどコントロールはできなくなる。おまけに高周波は人に害を及ぼす。それを制御する技術は、当時、見出せていなかった。ところが、戦争という中で、半ば強引に洋上実験は実施されたという。

実験開始と同時に、洋上に浮かぶエルドリッジ号は振動を起こし、コイルから緑とも青白いともとれる光が出て、靄《もや》のように艦全体を包み込んだ。艦の至る所で放電が起き、光を放った。

すると、次の瞬間、それまでそこに存在していたはずのエルドリッジ号の姿が消えてしまった。後には、船底の形に窪《くぼ》んだ状態の海面だけが残っていたという。

これをカルロス・アレンデという船員が偶然目の当たりにし、それをＵＦＯの研究をしている作家に手紙として認《したた》めた。これによって計画と事故が少しずつ明らかにされていった。

エルドリッジ号はただ消失しただけではなかった。数分後にフィラデルフィアからはるか離れたノーフォーク軍港に忽然《こつぜん》と現れていた。しばらくの間、軍港に存在し、またしてもそこから消え去り、フィラデルフィア洋上へと戻った。瞬間移動、ワープしたのだ。

戻った艦の中では、多くの乗務員が亡くなっていたという。それも、一部の水兵は、艦の金属部に半身溶け込んでいた。まさに船上は想像を絶するような状態であったと言われている。

米国海軍の公式記録では、エルドリッジ号は、事件の翌年の１９４４年１月４日から輸送船団の護衛などの任務に就き、終戦直前の８月７日には任務で沖縄にも派遣されたという。そして、１９４６年に退役艦となった。その後、１９５１年にはギリシャに引き取られた。

真偽は定かではない。「都市伝説」だと一笑に付す研究者もいる。しかし、私はそうは思わない。なぜなら、テスラ・コイルは強い電磁場を生じさせる。それによって何がしかの状態変化が起きることは多くの研究者が認めており、その変化の中で想像を超えることが起きたという可能性は否定できないからである。

カナダの発明家が起こしたとされる「物体の空中浮遊」

「ハチソン効果」という言葉を耳にした方もいらっしゃると思う。これもまた、物理学者の中では賛否両論ある事象である。やはり、テスラ・コイルに絡んだ「効果」のことである。

カナダの発明家ジョン・ハチソンが1979年に、テスラ・コイルや自ら発明したと称する実験装置を使い、反重力浮遊や金属の融合、テレポーテーションなどができると、映像を交えて発表した。

発表された映像は、確かに物体や液体が浮遊したり、金属が曲がったり、断裂したりしていた。中には、アルミの塊にナイフが溶け込むように突き刺さっているものもある。この映像は今でもウェブ上で見ることができる。

確かにトリックだという話は当初から出ていた。ただ、専門家が見ても通常のトリックではないし、撮影当時はCG（コンピュータグラフィックス）のような映像加工技術もなかった。コップの中の水だけ空中に浮いたり、ハチソンの研究室の近くの電線が激しく振動したり、現象はいろいろと起きたそうである。常識では考えにくいそれらの現象を撮影し、彼は公表した。

だが、ハチソン自身、装置の設定を変え、再現性や規則性を探ったがうまくいかなかったともいう。

そのハチソンが一躍有名になったのは、1988年、カナダで行われた「新エネルギー技術に関するシンポジウム」で実験映像を発表してからである。これによって多くの研究者の知るところとなり、専門家を巻き込み議論が始まった。そればかりか、軍関係者もハチソンにアプローチをした。中でも、軍にも関係する航空機メーカーの専門家が現地視察した際の報告では、効果はランダムに起こり、有意義な実験とは言えないが、トリックではないようだという見解を示したと、一部に記録されているという。

ハチソンは後に、1991年の実験以降、現象はうまく再現できていない、と発言している。しかし、研究者が絶対にやってはいけないことをやってしまったようだ。テレビ局の取材を受けた時に、なんとトリックを行ってしまった。効果を出さないといけないと思ったかは分からないが、実験映像にピアノ線が映っていたのだ。これで一気に信用を失った。

だが、ハチソンのその誤った行為とは別に、研究者たちの間では、金属の歪曲《わいきょく》や断裂、水が浮かんだことなど、何らかの状態変化が起きたのでは、と指摘する者もいる。特にテスラ・コイルをいじったことのある研究者の間では、いまだに「ハチソン効果」の可能性が議論されることがある。残念ながら、何者かによってハチソンの実験室の装置は壊され、この実験はそこで終わってしまった。

通常の電子とは違う「裸の電子」が存在する!?

私たち物理学をベースにしている研究者からすると、テスラ・コイルによるこういった現象をあながち嘘だとは決めつけがたく、むしろ起きてもおかしくないとさえ思うのである。

私の身近なところでも、〝現象〟は起きていた。信頼する研究者の仲間の１人も、これと同様の経験をしていたのだ。彼はテスラ・コイルのような高電圧回路を製作して、シート状のコロナ放電実験をしていた。すると、その部屋の片隅に先ほどまで干してあった洗濯物が消えていた。なぜか隣の部屋に移動していたのだ。実験をしていた部屋には、もちろん彼しかいない。他の人は入ってきていない、という。ついさっき視認していたものが、突如、移動していたのだ。友人はしばらくして、私にそれを伝えてきた。

もちろん彼も研究者なので、最初は記憶違いかと疑ったそうだが、確かに〝現象〟

が起きたと確信し、「信じがたいが……」と前置きして話をしてくれた。

実は、彼は第4章で紹介した、宇宙人の魂が人間の赤ちゃんにウォークインしたH氏なのである。彼は幾度となくワープ現象について宇宙の人々からメッセージを受け取ったことがあったという。私は、今回のことも含め、宇宙人からのメッセージも、彼の「体験的実在」と認識している。

こういったワープ現象について、彼が宇宙人から聞いた示唆《しさ》は以下の通りだったという。

「電子には、通常の電子と量子力学的性質から外れた電子があり、それは次元などを超えて移動する。コロナのような電子雲で物体を取り囲み、何らかの条件が揃えば、その物体も時空を飛び越えることができる」

ということだそうだ。

フィラデルフィア実験も、これに近い現象が起きたと考えられる。ハチソンもテスラ・コイルを作動させていた時、ガレージにあるはずの釘が実験をしている部屋で見つかった、と言っている。

では、どうして、こういった現象が起きるのだろうか、それをさらに考えてみたい。事実は小説より奇なり。物質が次元を超えて空間移動する可能性は、物理学的には十分ありうる現象なのである。というのも、前述したように、グラビトンなどいくつかの粒子は次元を超えると考えられている。ランドール教授が発見を目指していらっしゃるのも、この次元を超えていく粒子なのである。問題は、どのようにして次元を超えるのかということになる。

その原因の1つとして、高電圧発生器「テスラ・コイル」が挙げられる。このコイルに電流を流すことで、放電や高周波が発生するのは、すでに分かっていただけたと思う。その際にノイズを含め、さまざまな周波数の電磁波が発生すると想定される。その周波数による微細な振幅の刺激で共振なども起き、大きな振幅の振動が引き起こされる〝励振場《れいしんば》〟ができる可能性がある。また、特定の周波数の電磁波の作用で、電子が通常とは異なる振る舞いを示す可能性があるのではないか、と私は考えている。

いつもと違う特別な〝励起《れいき》〟を起こすのではないか。テスラ・コイル周辺の電磁場は安定していない。実験で同じ電流を流しても、微妙に変化して、その放電は一定せずに再現性に乏しい。電磁場が複雑に変化していることを物語っている。

仮説ではあるが、その中で、電子が「裸の電子」とでも表現すべき状態になるのではないか、すなわち、Dブレーンに束縛されない別の形態の電子になるのではないかと推測している。H氏が宇宙人から教えてもらった話なのだが、電子は「通常の電子」と「裸の電子」の2種類の状態を取るという。先ほど、「スペクトル空間」と私たちの4次元時空が一体になって「スペクトル束」をつくっていることについては述べたが、その〝つなぎ役〟に「裸の電子」がなるのではないかと、私は推論している。

その特徴を簡単に列挙するとこうなる。「通常の電子」はDブレーンに拘束されているが、「裸の電子」は余剰次元やスペクトル空間を移動することができる。量子力学を無視しているかのように振る舞えるのである。

従来の物理学では、「通常の電子」だけを扱っており、「裸の電子」の存在を想定していないので、発見できていない。同時に、この「裸の電子」の状態は通常は存在しないと考えている。イメージとすると、通常の電子は、細胞膜《まく》のように殻があり、「裸の電子」は殻がないというような違いで捉えている。別の言い方をすれば、電子の「スペクトル束」の状態変化により、「通常の電子」と「裸の電子」とに変化するのではないかと思う。

そもそも「生命エネルギー」は「スペクトル空間」に存在していると考えられるが、脳をコントロールできるのは、「裸の電子」が作用している結果なのではないか。ある状態に〝励起〟した「生命エネルギー」が、「裸の電子」として「スペクトル空間」から脳細胞の電子と一体になり機能している。私はこう捉えている。

生命エネルギーと脳との関係はすでに述べたが、「人体」というハードウェアと「生命エネルギー」というソフトウェアが一体になって、人は構成されている。私たちの肉体は４次元時空に存在し、それに表裏するかのように存在する「スペクトル空間」が存在する。その「スペクトル空間」に、「生命エネルギー」は本来存在しているが、励起して「裸の電子」となり、脳と一体化する。人と生命エネルギーは、光と影のように「スペクトル束」という結びついた形になる。これが、現在の私たち人間の姿なのではないだろうか。

ところが、肉体が滅んだり、脳が損傷したりすると、脳が「裸の電子」のレセプター（受容体）としての機能を喪失する。すると、生命エネルギーは「スペクトル空間」に戻る。「スペクトル空間」にも、階層が存在していると考えられる。それが仏教などで示されているように、霊界なのではないか。

それぞれの「生命エネルギー」は、それぞれのステータスごとの「スペクトル空間」内の階層に戻る。そこで、〝励起〟していた生命エネルギーは、〝励起〟を解かれ、安定した状態に戻る。そう考えられないだろうか。

まだまだ未解明な部分が多く、本来なら発表すべきではないのかもしれない。あくまでも、私の初期の仮説ということで、開陳させていただく。今後、「裸の電子」「生命エネルギー」の存在証明などは、ハイパースペクトルカメラを使用して、「新しい科学」として解明していく予定である。新しい発見があれば、都度、公表していきたい。

「フィラデルフィア実験」や「ハチソン効果」など、その真偽は定かではない。「スペクトル空間」「生命エネルギー」と人体との関係も未解明である。だが、そういった現象が起きたのは、この「裸の電子」が活動しているからではないかと推察できる。

この「裸の電子」の研究を進めれば、ワープ航法も可能になるのではないだろうか。

ワープ航法の鍵は「裸の電子」と「余剰《よじょう》次元」にある

電子を活用したワープ航法をさらに考察してみる。なぜ、瞬時に遠方に移動できるのか、少し論を進める。

物体が「裸の電子」とコヒーレントな、つまり、互いが干渉し合う状態になる。すると、その結果、物体全体を「裸の電子」が包み込み、別次元に引き込んでいったのかもしれない。H氏にメッセージを送った宇宙人の言葉を借りれば、「宇宙はそのようにできている」のだそうだ。

ここで、ランドール教授の仮説を思い出してほしい。重力ブレーンとウィークブレーンという、重力に大きな差がある2つのブレーンが存在する可能性を示唆されていたあのことを。同様のことが、余剰《よじょう》次元と現時空との間にもあるとすれば、エルドリッジ号や洗濯物の瞬間移動に物理的な説明を施すことができそうなのである。

こういうことだ。現時空に比べて、余剰次元はスケールが急激に増大する、それこそ指数関数的に大きくなっているとすれば、いったん余剰次元に引き込まれたエルドリッジ号がそこでほんの少し移動してから、再び現時空に戻ってくるとどうなるか。もし、そのスケールが1億倍だとすれば、その空間で2・5センチ移動したエルドリッジ号は、現時空に戻ってきた時には、元の場所から2500キロ移動していることになる。

ランドール教授が探しているKK粒子は、5次元方向に運動量を持つ。余剰次元に誘うのだ。ところが、通常の粒子はDブレーンに拘束される。つまり、特別な励起から「裸の電子」が解放されれば、物体はおのずと4次元時空に戻る。

その際に、現時空で戻る位置に微細なズレが生じると、「ハチソン効果」でアルミの塊にナイフが突き刺さったような現象が起きてしまう。そう捉えることができないだろうか。

「余剰次元」や「スペクトル空間」という、私たちの4次元時空に密接した別の時空間を有効活用すれば、次元間をまたぎながら航行するスペースワープも可能になる。

地球から見れば、光速を超えた速度で飛行したことになる。

さらに、「生命エネルギー」が存在していると思われる「スペクトル空間」は、前述のように、ステータスによって、余剰次元とは異なる階層があると想定できる。ブレーンワールドモデルでは、５次元の方向（ｒ方向）は連続的に広がっているのだが、そのエネルギーの状態（ｒ方向の位置）には、何らかの個性化した階層構造があるかもしれない。ユークリッド空間で言う、いわゆる次元というイメージではなく、「階層構造」として現れる別の次元構造があると考えるべきである。

ユークリッド空間とは、次元を持った空間で、例えば、２次元ユークリッド空間は、直交するｘ軸とｙ軸の２つで位置が決まる平らな面のこと、また、３次元ユークリッド空間は、直交するｘ軸とｙ軸とｚ軸の３つで位置が決まる空間で、私たちが通常イメージする空間のことだ。こういったユークリッド空間とは異なった形で存在するのが、「スペクトル空間」だと考えている。

もう１つの見方としては、局所的な基準面をこの物質宇宙（４次元時空）とし、その基準面に接する「スペクトル空間」の内部の状態が変化する、という表現もできる。

数学的には、「4次元時空を基底空間とし、スペクトル空間内で量子力学や素粒子物理学でよく使われるリー群的な連続群の構造を持った多様体構造」と表現できる。この構造は、ファイバー束という数学構造に非常によく似ている。これが「スペクトル束」と名付けた理由である。

「スペクトル空間」も、5次元より6次元、6次元より7次元と高位になるにつれてスケールが指数関数的に増大すると考えられる。高位の「スペクトル空間」でのわずかな移動は、下位になるほど恐ろしく長い距離の移動となる。

仏教でも説かれているように、「生命エネルギー」は、存在する次元が階層ごとに分かれる。また、グレードアップでき、高位の次元に存在できるようになる。もちろん、高位の「生命エネルギー」は、下位の空間や物理的な次元にも自由に行き来できると考えられる。宗教的に言うならば、悟りと修行の度合いによって、高位の階層へ「生命エネルギー」は移行していく。そこには、「階層構造」で分類された「次元」に分かれた「スペクトル空間」が存在すると想定できる。

少し飛躍があるかもしれないが、先ほど述べたように高位次元になるほどスケールが拡大すると考えると、仏教の如来の動きなど、そのほんの少しの移動が下位の次元では無限に近い移動となる、ということにも説明がつく。

確かに、科学的考察までは到達していない。だが、私自身、おぼろげではあるが、〝ワープ航法〟から「スペクトル空間」の次元の存在を考えた時、宗教の教えとも齟《そ》齬《ご》はない。

次章では、「スペクトル空間」を含めた「大宇宙」の構造について考えてみたい。

9

「大宇宙」の構造を考える

私たちが住む宇宙は、どういう構造になっているか

私たちの存在する地球。地球を含む太陽系。さらにそれを取り巻く銀河系。銀河系は、周辺のほかの銀河とともに、「局部銀河群」を構成している。

さらに、局部銀河群は、おとめ座銀河団を中心として、直径約2億光年の「おとめ座超銀河団」を形成している。

このように、銀河は集まって、銀河群あるいは銀河団を形成し、さらに直径1億光年以上の超銀河団をつくっているのだ。

広大な宇宙空間には、銀河が集まっている場所と、銀河がほとんど存在しない「ボイド」と呼ばれる場所がある。星と星の間には、わずかなガス、「星間物質」が存在する。銀河と銀河の銀河間空間にも、ガスとは言えないくらい微量の「銀河間物質」が存在する。

要するに、「宇宙の大規模構造」は、モワッとした泡が連なるような構造になって

いて、泡の膜面《まくめん》に、銀河、銀河団、超銀河団が分布し、泡の中の空洞には、銀河はほとんどないのだ。これが私たちの４次元時空の宇宙である。

さらに、私たちの生活する宇宙とは別の宇宙が、複数存在する可能性がある。「余《よ》剰《じょう》次元」の存在や、生命エネルギーの存在する「スペクトル空間」も加わってくる。それが「大宇宙」なのだ。本章では、この「大宇宙」の構造について私の仮説を含めながら紐解いていきたい。

余剰次元とは別の異次元、「スペクトル空間」が存在する⁉

まず、私たちの存在する宇宙は、前述したように４次元時空の宇宙である。この宇宙は、ランドール教授の考えによれば、余剰次元、つまり、高次元の時空間（バルク）に浮かぶ、膜面のような時空間（ブレーン）かもしれないという。

しかし、物理学では、エネルギーレベルの異なる空間は、そこかしこに存在していると考えられている。「大宇宙」には、もう１つ別の〝時空間〟、異次元が、マクロな構造として存在すると考えられる。「生命エネルギー」が存在するであろう「スペクトル空間」だ。現代物理学では、エネルギーの大きさで分類されている現象の中に、何らかの空間構造、つまり、次元の概念をつくっていくことによって、生命の本質や物質の本来のあり方に迫っていけるのではないだろうか。

「生命エネルギー」が存在している空間。そこは「生命エネルギー」のレベルによって分けられる階層空間である。これが「スペクトル空間」なのではないか。一般的に言えば、霊界とか天国、あの世などと言われている空間である。その空間の全体の構造はタマネギの断面のようなイメージと思っていただきたい。

タマネギを真ん中で横に2つに切る。すると、断面は、ちょうど主球と分球という芯を中心に、同心円状に輪模様が見られる。その芯の部分が私たちの4次元時空で、その周囲にエネルギーの少し高い階層から、より高い階層へと「スペクトル空間」が連なっていく。4次元時空を中心に同心円で包むように広がっている空間。そんなイメージを私は想定している。

「スペクトル空間」の構造に対する私の仮説をさらに進める。その構造は、タマネギの輪切りのように、私たちの4次元時空の周囲に4層、私たちの次元を4次元と数えると、8次元に層をなして取り囲んでいると想定している。

厳密に言えば、8次元かどうか、科学的な確証はない。「スペクトル空間」については、先ほど第7章でご覧いただいた写真の中の「生命エネルギー」であろう画像によって、私の中では「体験的実在」も加わり、存在することが明確になっている。だが、それは今後の研究を待っていただかないと、科学的な証明とは言えない。今後、それを明らかにしていく。

ではなぜ、「スペクトル空間」の「スペクトル余剰次元」が「4層」、つまり、「4次元（時空）＋4層（スペクトル空間）＝8次元」なのか。それは、大川隆法総裁が解明されている霊界構造を参考にしている。科学では追いついていないので、仮説として組み込んでいる。考え方としては、私たちの4次元時空の外側により広範な意識があり、その意識が「生命エネルギー」の中に組み込まれることで、エネルギーレベルが高くなると想定している。

さらに、9次元の高エネルギーの「スペクトル空間」は、私たちが存在する1つのの「宇宙」だけではなく、マルチバース、つまり、他の「宇宙」ともつながり、「神」の「生命エネルギー」が存在する高位「スペクトル空間」となる。そのレベル自体、「大宇宙」そのものとも一体なのではないか、と推測する。そう考えていくと、「大宇宙」の構造が少し具体的にイメージできてくると思う。

つまり、1つの「宇宙」には、4次元時空だけでなく、9層に分かれた「スペクトル空間」が存在している。

私たちが存在する「宇宙」とは別の「宇宙」にも、生命体が存在している。「宇宙」誕生時から4次元時空の中で特定の粒子が移動する光的、時間的、空間的な経路を指す「世界線」に沿って、それぞれの個別「宇宙」でも、継続した営みが続く。簡単に言えば、時間経過とともに生活してきているのである。

これが「大宇宙」なのではないか。次ページのイラストを参照いただきたい。

確かに、現時点では科学的とは言いがたい。仮説の1つである。ご批判は甘受《かんじゅ》する。しかし、「生命エネルギー」が活動する「スペクトル空間」が存在するという仮説で、この「大宇宙」の構造が説明できると私は考えている。

大宇宙の構造のイメージ

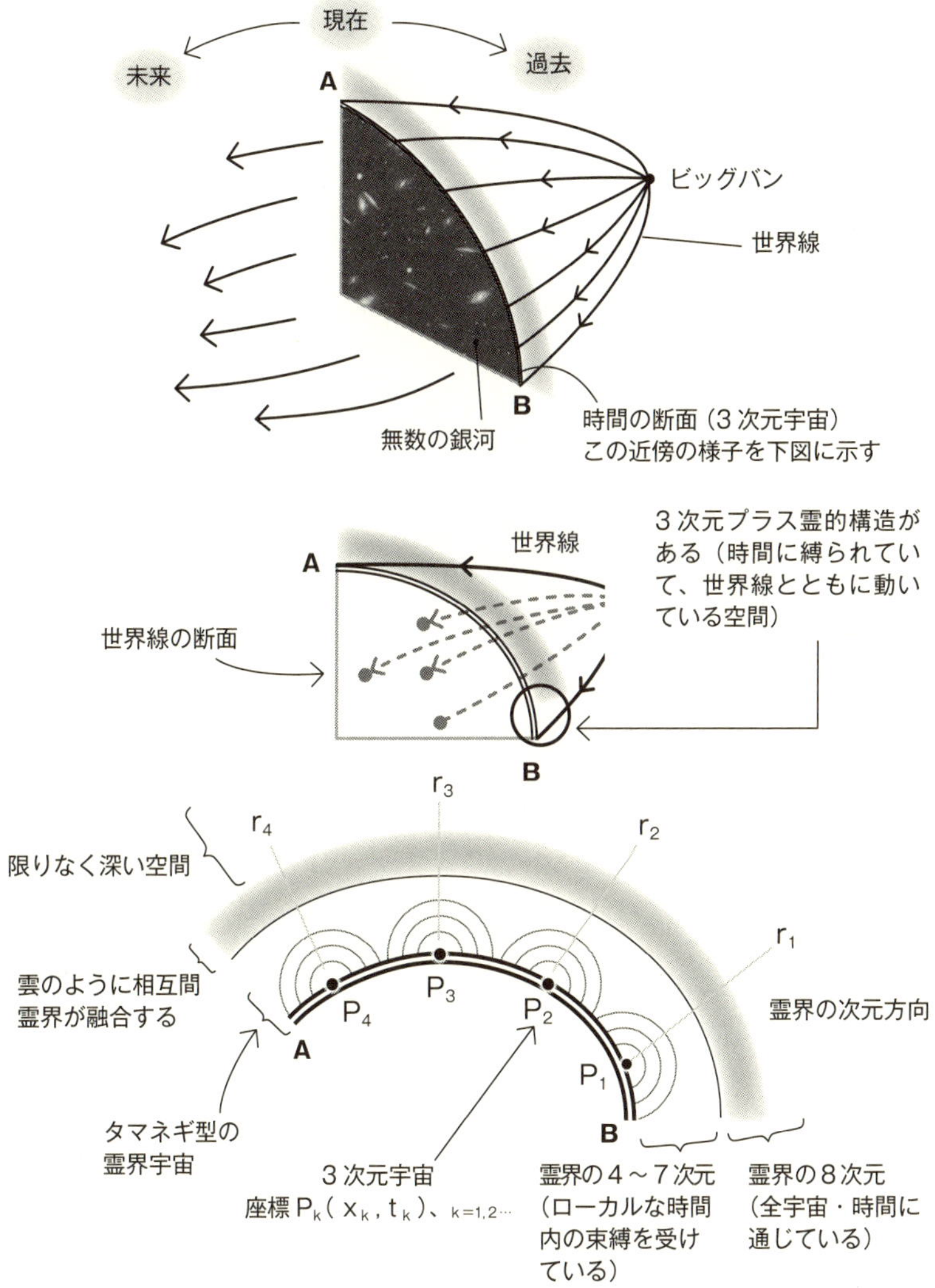

タマネギ宇宙と時空を俯瞰的に見る視点に立つことによって、タイムワープだけではなく、スペースワープも可能となるだろう。ワープする時にはブレーンをジャンプし、8 次元の高いエネルギーの空間（スペクトル空間）を通る。次元が上がるとモノサシが変わるので、短い距離の移動で 3 次元空間に戻った時に、何万光年という距離をジャンプできる可能性がある。

大宇宙においては、過去・現在・未来は同時に存在する

　これまでお話ししたように、宇宙は、宇宙物理学で学んでいる「観測された宇宙」だけがすべてではない。私たちは、この宇宙を包含する、もっと大きな構造、すなわち、「大宇宙」の中に生きている。この見えない大宇宙を構成する要素の1つに「心」という対象があり、「心」は宇宙の外にある。一方、宇宙とは、物質のある空間のことである。ゆえに、もし宇宙だけに関心を持つならば、「心」は不要であるかのように思いがちである。ここから唯物論が生まれた。

　しかし、すべてのものは「大宇宙」の中に存在する。そして、「宇宙」の中に存在する物体は、それのみで存在しているのではなく、それを存在させるための「設計図」に当たる〝見えないもの〟とセットで、1つの存在を構成していると思われる。例えば、人間は肉体だけで存在するのではなく、心と身体がセットで「誰々さん」という存在となる。

私は、本書の中で、この関係を「スペクトル束」という言葉で表現した。もっと研究が進めば、おそらく、微分幾何学の「ファイバー束」という概念に近い数学的構造として表現できるのではないかと考えている。

大宇宙を理解するためには、時空を俯瞰《ふかん》的に見る必要がある。仏陀は三世《さんぜ》を見通す神通力《じんつうりき》があったと言われているが、これは、現在・過去・未来が同時に存在していることを意味している。また、予知という現象は、現在と未来が同時に存在していることを意味する。そして、大宇宙の中では、時間の矢がまっすぐ流れるのではなくて、円環状にループになっている可能性もある。まっすぐに進んでいると思ったら、いつの間にか元の位置に戻っていたということだ。西田幾多郎《きたろう》の言葉で言えば、「絶対矛盾的自己同一」ということになるという（注1）。

そうすると、先ほどのスペクトル束は、大宇宙の時間の流れの断面（接空間）上にある局所的な構造ということになる。実は、ここに、ワープ航法の理論的解明に当たっての切り口となる可能性があることに気付かなくてはならない。このように、「新しい科学」では、宗教と科学を融合させながら一つひとつ開拓していくことになるだろう。

　また、理論的には、パラレル・ワールド（並行宇宙モデル）や裏宇宙、または双子の宇宙というモデルもある。もし、「神」が大宇宙という中で、それぞれが区分された世界の中で生きている生命体の進化を見ているとするならば、さまざまな条件を与えた時の生命体の進化の度合いがどのようになるかを実験されている可能性もあるだろう（注2）。もし、そのような観点で「神」が大宇宙を創られたのだとしたら、パラレル・ワールドは必然的に存在すると思えてならない。

　2000年頃の話だが、私がたまたま幸福の科学の東京道場（当時）という施設の「繁栄の実現」研修で瞑想していた時に、宇宙という箱庭の中での生命（魂）の成長に対する、大きな存在の悦びと感動が心の奥から伝わってくるという体験をしたことがある。これは個人的な体験ではあったが、それほど間違ってはいないような気がしてならない。

スペクトル空間から、別の物理法則が働いてくることがありうる

今度は、天文学的スケールより小さいレベルで「スペクトル束」を捉えてみたいと思う。

スペクトル束の考え方によれば、物体の状態は、物質空間の状態と、スペクトル空間の状態の2つで決まるということになっている。スペクトルの状態が仮に波（波動）のようなものだとすると、それらの位相や周波数がランダムであったならば、そのスペクトル空間の状態の平均はゼロになる。この時には、スペクトル束は物質空間の方向を向いていることになる。

しかし、何らかの作用が働いて、ある特定の周波数と位相を持っていたとしたら、今度は平均してもゼロにはならない。ということは、スペクトル束の向きは、物質空間とスペクトル空間の中間の方向を向くことになる。これは、どういうことかというと、「今の物理法則の中に、スペクトル空間から別の法則が必然的に働き始める」と

いうことだ。

もう少し話を分かりやすくするために、物質空間にあるものを「身体」、スペクトル空間にあるものを「心」だとする。すると、今述べたことは、「特定の地域に住んでいる人の全員が同じ精神状態（例えば宗教的な祈りなど）を持つようになった場合、その空間には、心の力が物理的な力として働き始める」ということを意味している。

例えば、陰陽師《おんみょうじ》の活躍した平安時代には、よく鬼が出たという話が残っているが、当時の人々が現代人より宗教的で精神性を重視する生活習慣の中に生きていたとしたら、スペクトル束の立場は、現実の生活の中に本当に鬼が現れる可能性があることを示唆《しさ》している。

現代人が読めば、鬼とは心の迷いや強迫観念だろうと決めつけて、物質空間の現象から排除すると思う。しかし、私はそうは思わない。平安時代には本当に鬼がいたのだと思う。つまり、精神場の状態いかんによっては、物質空間に構造変化が起こりうるというのが私の考えだ。

今の譬《たと》えは、宗教の世界ではごく自然に受け入れられると思う。なぜなら、宗教は心の世界と心の力を知っているからだ。これを「神の足跡《あしあと》」の1つだと捉えると、ここに時空間を飛び越える「新しい科学」のヒントがある。科学は可能性を否定しない、である。

最後に、「新しい科学」の目的、あるいは目指すものは何か、ということについて述べる。1点目は、大宇宙の構造を知ることを通して、その奥にある「神」の意図を知ることである。2点目は、そこから得られた智慧《ちえ》を、人類の幸福化のために使っていく使命があるということだ。ユートピア建設のために、神の意図を探求すると言ってもよい。

21世紀以降、私たちは、「新しい科学」を通して、本格的な宇宙時代を迎えることになるだろう。私たちは、目の前の人々に対してだけではなく、1000年以降の、遠い、未来の人々の幸福をも願って生きるべきなのだ。

（注1）時間の流れは、より高次の視点からどのように見えるかについては、大川隆法著『西田幾多郎の「善の研究」と幸福の科学の基本教学「幸福の原理」を対比する』83〜87ページに詳しい。

（注2）宇宙観については、大川隆法著『宇宙人のリーダー学を学ぶ』（53〜61ページ）等を参考にした。

エピローグ

私は、物心がついた頃から、宇宙の神秘性と、宇宙のどこかに存在するであろう高度な文明を持ったユートピア社会に憧《あこが》れていた。「ユートピアと宇宙」が私の心の原点である。物質を中心とする科学的世界観と精神世界との大きなギャップを感じながら、両者を統合的に俯瞰《ふかん》できる立場を探求して、長い間、考え続け、模索を繰り返した。

人間がユートピアを意識し、考え、というより、むしろ念《ねが》った時、その解は「大宇宙」の中に必ず存在している。決めつけなければ、可能性を見出すことができる。これを私は「当為《とうい》の科学」と呼んでいる。

今回のスペースワープのアイディアは、当為の科学をより突き詰めて考え、発展させたものである。その過程では、科学はもちろんのこと宗教や哲学も勉強し、多くを学んできた。そして仮説を組むに至った。

「宇宙」は、大きな目的を持ち、合目的に進化し続けていると言える。そもそも物質というのは、素粒子のレベルでは実体がなく、ある規則性の中であたかも実体があるかのように振る舞っている。時空間についても同じことが言える。創造主である「神」の取り決めと言ってよい「大宇宙」の法則、設計図があったから、空間と思えるようなものがあると認識できる。「大宇宙」の法則は、4次元宇宙を取り囲むほどの大きなエネルギーの性質だと、私は思っている。もしかしたら、仏教の「開無限《かいむげん》・握一点《あくいってん》」という言葉のように、本当は、実体はないのかもしれない。

このように、私たちは、「大宇宙」と表現すべき、大きな宇宙の中に存在している。「宇宙」は、大きな目的の下《もと》に計画的に創られており、私たち人類やスペースピープルは、その法則の中で、ユートピア社会に向かって進化している。「大宇宙」の性質を上手に使えば、スペースワープやタイムワープは可能となる。私はそう確信している。

本書を執筆するに当たっては、信頼する友人の1人、加納正城《かのうまさき》さんに絶えず相談に乗ってもらいながら作業を進めた。また、出版に際しては幸福の科学出版で編集をご担当いただいた村上真《まこと》さんにも絶大なるサポートをしていただいた。その他、多くの方から資料やご意見もいただくと同時に、支えていただいた。その一人ひとりに、この場をお借りし、心から感謝の意を表したい。

本書の内容は、まだ仮説の域を出ない部分が多い。ぜひ科学哲学書として読んでいただきたい。

本書を読まれた若者諸子が、この荒削りな発想に磨きをかけてくださることを望む。できるのであれば、21世紀以降の「未来科学」「新しい科学」を創造する一端をともに担っていく仲間となってほしいと強く願ってやまない。

２０１５年9月

佐鳥新《さとりしん》

参考資料

大川隆法著『太陽の法』（幸福の科学出版）
大川隆法著『西田幾多郎の「善の研究」と幸福の科学の基本教学「幸福の原理」を対比する』（同右）
大川隆法著『新・心の探究』（同右）
大川隆法著『アトランティス文明のピラミッドパワーの秘密を探る』（同右）
大川隆法著『宇宙人のリーダー学を学ぶ』（幸福の科学）
西田幾多郎著『善の研究』（岩波書店）
カント著／篠田英雄訳『純粋理性批判（上）』（同右）
カント著／篠田英雄訳『道徳形而上学原論』（同右）
三宅剛一著『哲学概論』（弘文堂）
中山茂著『天の科学史』（講談社）
リサ・ランドール著／向山信治監訳『ワープする宇宙』（ＮＨＫ出版）
ブライアン・グリーン著／林一、林大訳『エレガントな宇宙』（草思社）
エマヌエル・スウェーデンボルグ著／高橋和夫訳編『スウェーデンボルグの霊界日記』（たま出版）
エリザベス・キューブラー・ロス著／鈴木晶訳『「死ぬ瞬間」と死後の生』（中央公論新社）
立花隆著『臨死体験（上）』（文藝春秋）
松田卓也、二間瀬敏史著『なっとくする相対性理論』（講談社）
チャールズ・バーリッツ著／南山宏訳『謎のフィラデルフィア実験』（徳間書店）
ドリーン・バーチュー著／奥野節子訳『天使の声を聞く方法』（ダイヤモンド社）
矢作直樹、村上和雄著『神（サムシング・グレート）と見えない世界』（祥伝社）
水野忠彦著『常温核融合』（工学社）

佐鳥新（さとり・しん）

1964年、青森県生まれ。北海道科学大学工学部教授。筑波大学自然学類卒業。東京大学大学院工学系研究科航空宇宙工学専攻を修了し、反物質推進の研究で博士号を取得。宇宙科学研究所（現JAXA／ISAS）で、小惑星探査衛星「はやぶさ」のイオンエンジン開発に従事し、1997年10月より北海道工業大学（現・北海道科学大学）に勤務。大学発ベンチャー・北海道衛星株式会社代表取締役、NPO法人北海道宇宙科学技術創成センター理事、NPO法人大学宇宙工学コンソーシアム（UNISEC）理事、高性能ハイパースペクトルセンサ等研究開発技術委員会委員、ハッピー・サイエンス・ユニバーシティ ビジティング・プロフェッサーも務める。

科学《かがく》が見《み》つけた神《かみ》の足跡《あしあと》

先端科学が解き明かす宇宙の姿

2015年 10月 6日 初版第1刷

著 者 佐鳥 新

発行者 佐藤 直史

発行所 幸福の科学出版株式会社

〒107-0052 東京都港区赤坂2丁目10番14号
TEL（03）5573-7700
http://www.irhpress.co.jp/

印刷・製本 中央精版印刷株式会社

ISBN978-4-86395-718-3 C0040

写真：©sdecoret-Fotolia.com、©marcoemilio-Fotolia.com

新・教養の大陸シリーズ

本多静六の努力論

人はなぜ働くのか

本多静六 著

日本最初の林学博士として、全国各地の水源林や防風林の整備、都市公園の設計改良など、明治から昭和にかけて多大な業績を残し、一介の大学教授でありながら、「四分の一貯金法」によって巨万の富を築いた本多静六。本書は、宇宙論から始まり、幸福論、仕事論、努力の大切さを述べた珠玉の書であり、370冊を超える著作のなかでも、本多思想の全体像をつかむ上で最適の一冊。

1,200円（税別）

江戸の霊界探訪録

「天狗少年寅吉」と「前世の記憶を持つ少年勝五郎」

平田篤胤 著

加賀義＝現代語訳

文政年間の江戸で話題となった天狗少年・寅吉と、前世を記憶している少年・勝五郎の２人を、国学者・平田篤胤が徹底調査した霊界研究書。臨死体験、死後の世界や生まれ変わりの状況から、異界（天狗・仙人界）探訪、月面探訪まで、今もインパクト十分な超常現象の記録が現代語訳化でよみがえる。江戸版「超常現象ファイル」ともいうべき書。

1,200円（税別）

最新刊

宇宙時代がやってきた！

UFO情報最新ファイル

HSエディターズ・グループ 編

NASAを超える最新の宇宙情報を総まとめ＆映画「UFO学園の秘密」の見どころを徹底紹介。映画を観る前も観た後も楽しめる、ここでしか明かされていない秘密が満載。

Chapter 1
幸福の科学が突きとめたリアル宇宙情報
Chapter 2
“宇宙体験”映画「UFO学園の秘密」

926円（税別）

ゴー・グリフィンズ！

世界を制覇した
駆け出しチアダンス部

桜沢正顕 著

創部４年で世界大会優勝を成し遂げた、幸福の科学学園チアダンス部「ゴールデン・グリフィンズ」。顧問である著者が、その指導法を明かし、生徒たちの姿を描いた感動の青春エッセイ。

第１章　ゴールデン・グリフィンズ「誕生」
第２章　創部２年目の「忍耐」
第３章　創部３年目の「飛躍」
第４章　創部４年目の「挑戦」

1,200円（税別）